MOMAの彫刻ガーデン（1954年）

アナザーユートピア

槇文彦

原風景としてのオープンスペース

一九五三年の夏、ハーヴァード大学の修士課程を終えて、次の一年間、私は憧れのニューヨークに住み、働くことになった。以後半世紀以上にわたり、ときに数日、あるいは数週間、数知れずニューヨークを訪れる機会をもってきた。とくにここ数年は、ニューヨークに幾つかのプロジェクトが進行し、訪問する機会も増えていた。

しかしある日ふと、自分にとってニューヨークの原風景とは何だろうかと考えることがあった。それはマンハッタンにひしめくスカイスクレーパーの像ではなかった。

広大なセントラル・パーク、古いMOMA（ニューヨーク近代美術館）の彫刻ガーデン、ロックフェラー・センターのスケートリンク、グリニッジ・ヴィレッジへの入り口でもあるワシントン・スクエア、そこで老人たちがのんびりとチェスを楽しんでいる風景、あるいは七〇年

サード・アヴェニュー（1954年）

ワシントン・スクエア（1954年）

代、コロンビア大学でのワークショップのために長期滞在していたホテルが面するグラマシー・パーク……。これらのオープンスペースはたとえ周縁の建築群が時とともに変わっても、不変であった。

たとえばグラウンド・ゼロの中心、メモリアル・パーク。私は『新建築』誌上で、ここの計画の主役はメモリアル・パークであり、それを囲む超高層群は脇役に過ぎないと述べている。事実、二〇一四年九月一一日にNHKの取材のため訪れたメモリアル・パークでは、ほとんどの人びとの視線は、二つの大きなサンクン・ガーデンの黒い御影石に――そして、そこに刻まれた亡くなった人びとの名前と、捧げられた花束に――向けられていた。

私にとってニューヨークの原風景はさらに、北から南への幾つかのアヴェニューとそれぞれを横切る無数のストリートに存在した。たとえばサード・アヴェニューには当時古びた高架の鉄道が走り、両側に同じく古びたビルが立ち並んでいた。道も、いうなればオープンスペースなのだ。

一九七二年に刊行された、奥野健男の『文学における原風景』（集英社）は建築家にとって衝撃的な評論であった。七〇年代の初め、建築、都市の状況に対してある種の閉塞感が漂っていただけに、原風景が我々にとって現在の都市の存在感と密接に繋がっているというこのエ

内堀越しに見る日比谷のスカイライン

ッセイの指摘は、きわめて新鮮であった。私も子どもの頃、家の近くの原っぱで友人たちと存分に遊んだ記憶がある。今のように、使われていない土地に塀などが張りめぐらされるような光景はまったくなかった。ささやかな空き地の風景が今でも瞼に浮かんでくる。

こうしたさまざまなオープンスペースの記憶、経験が人間にとって重要であるなら、一度オープンスペースから都市のありかたを考えてみてもいいのではないか、という発想へと展開していったのである。

皇居空間が示唆するもの

霞が関の丘から、皇居の内堀空間を介して日比谷の大通りに展開するビル群のスカイラインを眺めたとき、東京のなかで最も美しい光景に出会ったと思うのは私ひとりではないだろう。この内堀内の皇居、そして皇居前広場を含む巨大なヴォイド空間の東には、今述べた日比谷通り、さらに東京駅を介して日

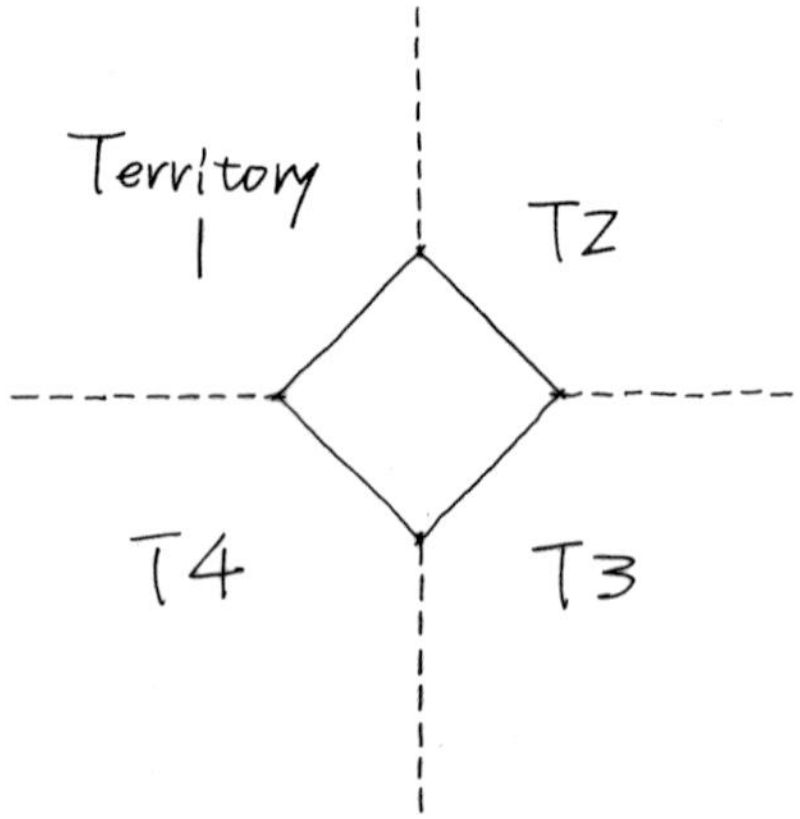

広場による周辺領域の形成

皇居の内部空間

本の商業空間を代表する顔といってよい銀座、西から南にかけて国会議事堂をはじめ行政の中心となる官庁街、北は上野にまで至る大学・美術館群など文化の森への入り口となっている。見事な日本の心臓部の形成である。それは江戸、また明治以降のさまざまな発展の複合体であるが、皇居空間の周縁にいかに重要施設を配置するかという試みの結果といえる。

　歴史的には、このような解釈でピリオドを打つことができるのだが、私は、皇居空間くらいの広がりをもった中心部の空間は、そうした意図さえあれば、望ましい都市機能をもった空間配置を可能にする潜在的な力をもっている、という事実にむしろ着目したい。仮に皇居空間をもたない東京の中心地域のありかたを想像してみよう。行政、商業、文教地区が道路だけによって仕切られているとすれば、都市のレジビリティ（わかりやすさ）の消失だけでなく、何か東京全体のイメージがつまらないものになってしまうのではないだろうか。

　ここで私が述べているのは、既存施設の存在しない新しいコミュニティをつくろうとするときに、施設からではなくオープンスペースにクリティカルな重要性をまず与える、あるいは、施設配置と並行して計画を考える際にも、施設と同等の重要性をオープンスペースに与える姿勢があってもよいのではないかという問いなのである。オープンスペースには我々の都市生活に対するさまざまなポテンシャルが存在する。

都市のエッジについて

ケヴィン・リンチは著書『都市のイメージ』（岩波書店、一九六八年）のなかで、イメージの構成要素として、パス（paths、道路）、エッジ（edges、縁）、ディストリクト（districts、地域）、ノード（nodes、接合点・集中点）、ランドマーク（landmarks、目印）を挙げている。今我々が問題にしているオープンスペースはエッジに囲まれた領域であると理解してよいのではないか。オープンスペースとそれを囲む領域の関係は、機能的また視覚的な断絶を意味している。つまりエッジである。

ふつう都市のエッジというと、海辺、川べり、あるいは断崖などをすぐに想像するが、エッジの先に海なら埠頭、川なら橋などを想像することができる。つまり断絶がゆえにオープンスペースのなかは、何を考えようと自由であるといえる。その自由度を最大限活用することが、そこに住む者にとって賜りものとなるであろう。橋も埠頭も二つの空間の接点といえる。

オープンスペースはエッジに囲まれているからこそ自由であるということをここで確認しておきたい。

オープンスペースのマニュアル

世界の各地、各都市にはさまざまなオープンスペースの歴史があるに違いない。おそらく今後オープ

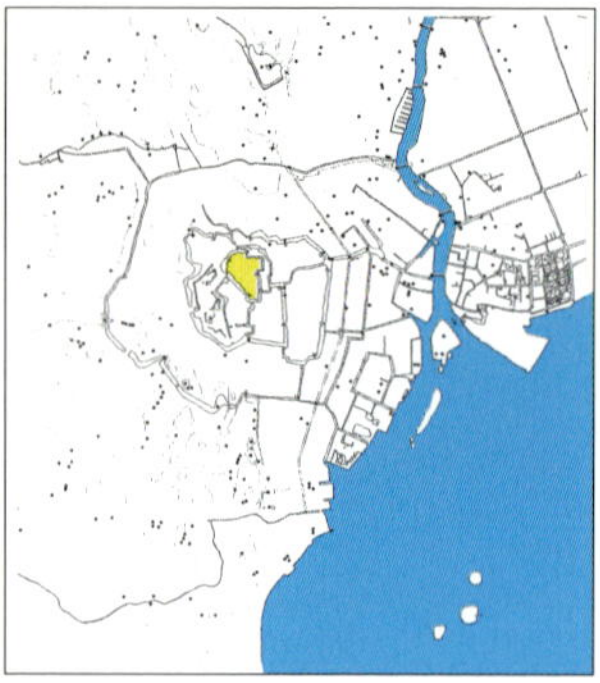

江戸の名所分布図

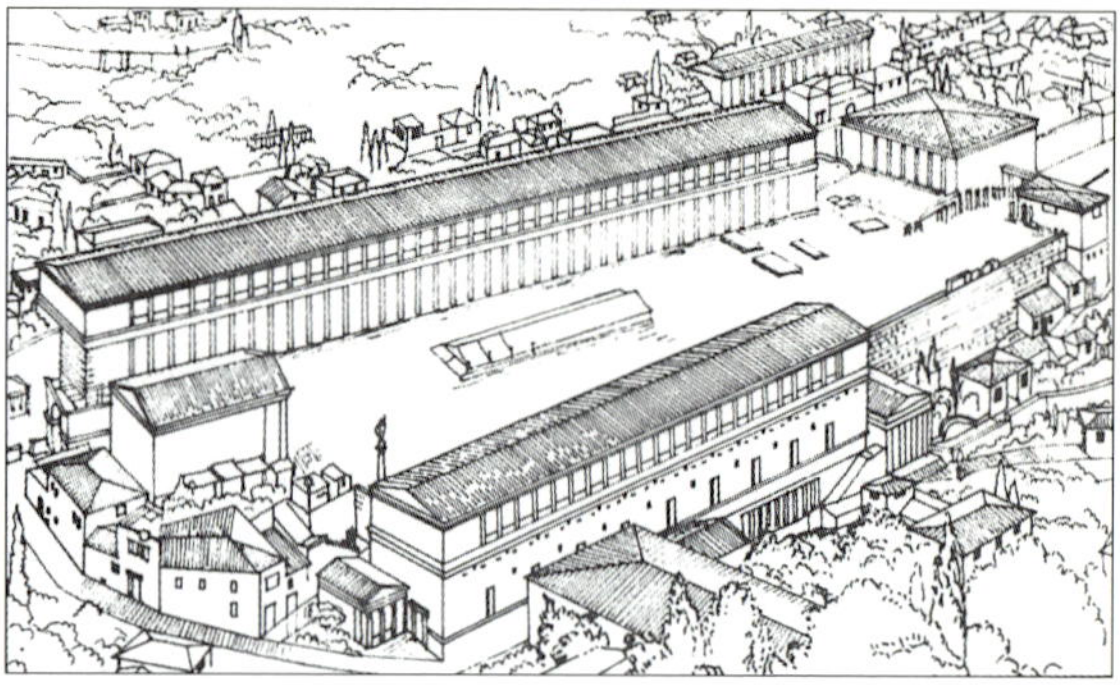

ギリシャのアゴラ

ンスペースを問題にしようとするならば、多くの都市歴史学者たちの協力を得て、一冊の本、マニュアルを編んでゆく作業が必要であろう。お互いに学びあうということはこれからのグローバルな時代のなかでの重要な課題なのだ。

たとえば日本の江戸時代の名所とギリシャの都市国家のアゴラを比較するだけでも、興味ある統治との関係性が浮かび上がってくる。ギリシャの都市国家の市民たちはアゴラに毎日のように通うことを勧められた。アゴラにはマーケットがあり、スポーツ施設、あるいは学びのコーナーなども設けられていた。とくに男子の成人者は即戦力でもあり、早くから彼らの体力増進が図られ、世界で初めての屋外競技場もつくられた。

一方、江戸時代の日本は、武士階級が統治する封建制度が確立され、ギリシャのような市民社会ではなかった。したがって小オープンスペースこそあれ、人びとが大規模な集会を行えるところは皆無であった。しかし春夏秋冬の季節を愛でる名所が各地に設けられ、その数は徳川吉宗の時代、一〇〇〇にも達したという。そこには風流な武士たちが訪れることもあった。同時に、社寺仏閣の境内がそのまま名所となることも多かった点は当時の浮世絵からもうかがえる。そこには寺子屋も設けられ、当時の住民たちの高い識字率は、日本の近代化の促進に貢献した。

このようにギリシャのアゴラと日本の名所を比較すると、オープンスペースが彼らの統治システムと密接にかかわり合っていたことが明らかになる。集中と離散、対比的な統治のありかたが存在した。このことは山本理顕の『権力の空間/空間の権力』(講談社、二〇一五年)を併せ読み、考えると面白い。

ブルガリアの首都ソフィアでは古代ローマの教会遺跡が広場の中核をなしている。ここではオープンスペースが都市の歴史的な記憶を呼び起こす装置なのである。記憶のオープンスペースである。

市民参加型のスペース構築を

市民参加の可能な建築はこの世の中では限られている。なぜならかつてのヴァナキュラー建築を除けば、それは富と権力の象徴であったからだ。また今日、建築や都市に関してさまざまな規制が整備されている一方で、計画に関して人びとが自由に提言、または議論を行えるようにする仕組みは十分であるとはいえないであろう。

もしもある新しいオープンスペースの構築にあたって広く市民の意見をつのることができるとすれば、建築物と比較してさまざまなポジティブな提言を得られるのではないか。建築と異なってオープンスペースは誰もが生活のなかで接点をもつために、そこに設置したい仮設も含めた施設の種類、樹木、水、芝生のありかたなどについて、意見、提案も出やすいだろう。

それでは、オープンスペースはコミュニティの核になりうるか。

答えはイエスである。ただし当初からそれをめざさなければならない。良い例がひとつある。

軽井沢の南原の別荘地はふたりの学者(ひとりはそこの地主であった)によって開発された。ふたりが決め

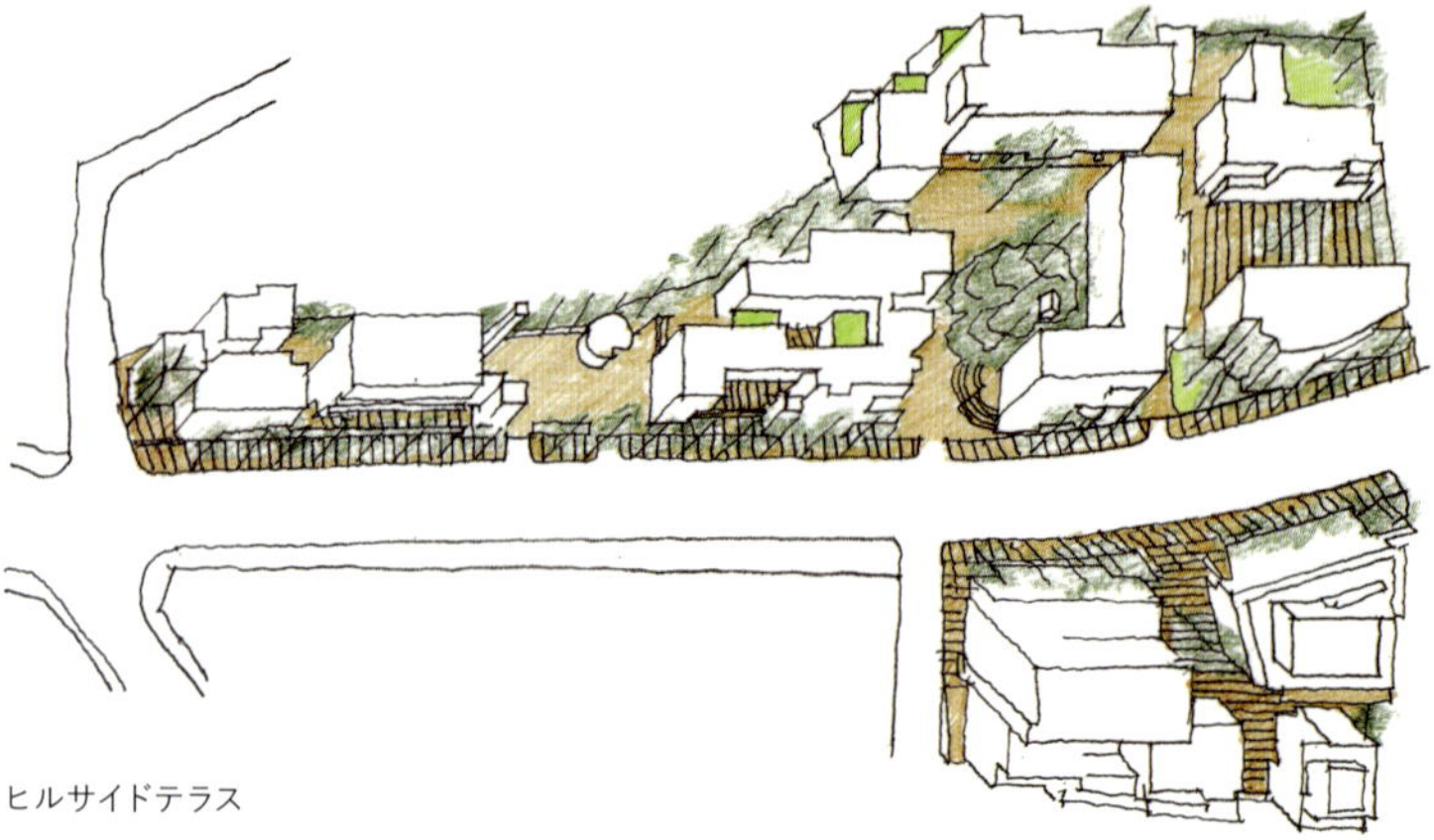

ヒルサイドテラス

たルールは、①それぞれの別荘に門や塀を設けない。②中央に原っぱを確保し、午前中は学者の勉強の邪魔にならないよう、そこに子どもや孫たちのための小さな学習塾をつくるということであった。

当初は数家族から始まったこの別荘地・南原の会員は、今や一〇〇〇人を超す。その間多くの家族が自身の住まいを変えてはいるが、すでに四世代にもなった南原コミュニティの特色は、夏にはかならず同じメンバーが顔を合わすことである。私はこれを「夏の定住社会」と称した。原っぱに東屋が設けられ、テニスコートがあり、運動会、花火大会などの数々の催しが開催される。若い世話役のなかで結婚する者もいる。外からの参観も絶えないという。

あるいは、都市における例として、代官山の《ヒルサイドテラス》がある。ここでは分散型の小広場とそれに接続する歩道が、人びとに出会いの場を提供している。この広場から居住者や利用者たちのコミュニティづくりが自然に始まった。このように、現代のコミュニティのなりたちは実に多様である。

オープンスペースと自然やもの、人のふるまい

塚本由晴は、彼のふるまい論のなかで、かつてのヴァナキュラー建

国際仏教学大学院大学の庭

東京電機大学のキャンパスプラザ

築から学ぶこととして、人間のふるまいだけでなく自然やものの「ふるまい」の観察を通して得られるものも重要であると指摘している。当然オープンスペースは、自然の諸相を知るうえでの格好のスタディの場を提供する。たとえば、厚い樹林層を通る空気はその温度が低くなることはすでに実証されている。ならば、オープンスペースを大きな天然扇風機、団扇などと考えるのはどうだろうか。その気になりさえすれば、水の扱いを考えるうえでもよい実験場をオープンスペースは提供する。過去の歴史から学ぶことも多くありそうだ。後に述べるテントと樹木の組み合わせも魅力的な試みになるだろう。

自然だけでなく、ものと人間のふるまいの関係も興味ある課題だ。二〇一二年竣工の《東京電機大学 東京千住キャンパス》の広場で白い円柱に抱きついている子どもを見かける。私の考えでは、母親に抱かれていた記憶が残っているためではないかと思う。あるいは、二〇一〇年にできた、東京の《国際仏教学大学院大学キャンパス》の庭に、仏教のシンボルでもある七輪の円環で囲まれた簡単な彫刻を置いた。写真に見られるように、そこは子どもたちのお気に入りの遊具になっている。子どもは円が好きなのだ。またたとえば、起伏のある広場。丘を駆け上る子どもたちの姿が見えてくる。都市において周囲を見渡すことができる、個人のための空間にもなりうるであろう。子どもの

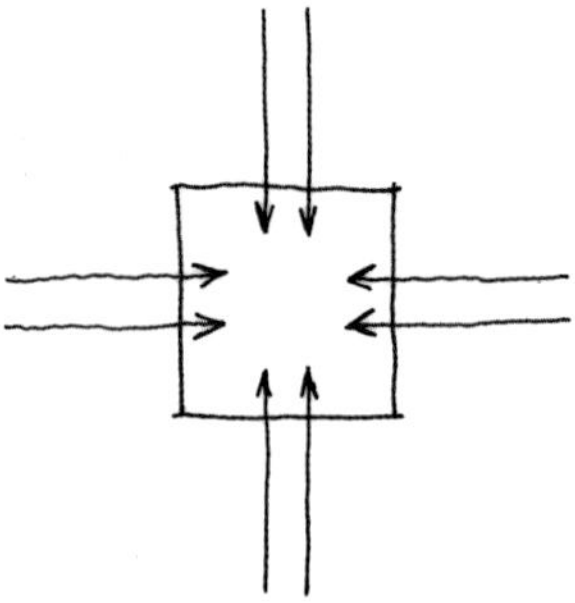

求心性
外からの視線を引き付ける

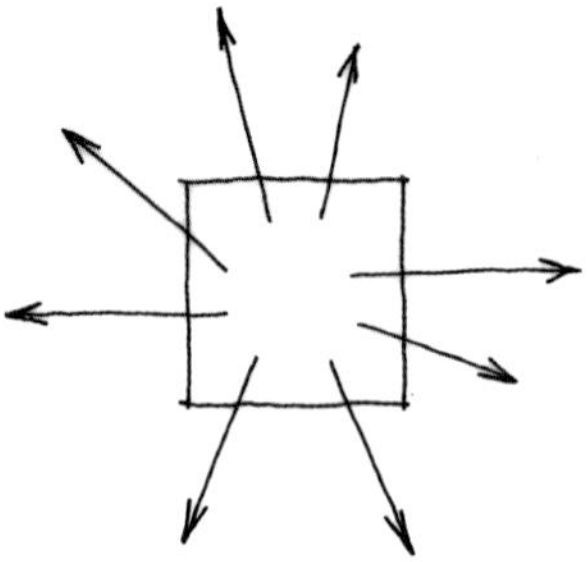

遠心性
遠くへ視線を照射する

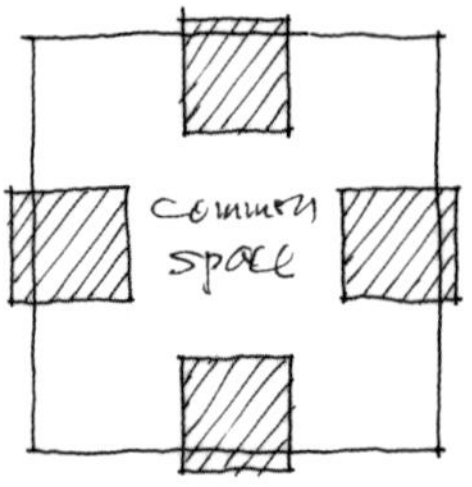

オープンスペースを中心とした施設の配置

ふるまいは時代、地域を超えてユニバーサルなのだ。ここでも文化人類学者、社会学者、自然環境の専門家たちの議論への参加が期待される。

発想を一歩進めて伊東豊雄の《みんなの家》も、こうしたところに設置することによって、より大きな社会のサークルとの対話が実践できるかもしれない。

未来のオープンスペースのありかたにはこうした展望も開けている。「宇宙とは何か」の秘密を解き明かすための、数千億円をかけた高エネルギー加速器も重要だが、「人間とは何か」という問いへの探究への第一歩として、我々と同じ普通の人たちが参加しうる、ささやかな実験場としてのオープンスペースの存在もやはり重要である。

エッジに展開させうるさまざまな施設の提案

かつてヨーロッパ、そして後にアメリカでは都市の中央広場に面したかたちで教会、庁舎などの重要施設が配置されていた。今日でも、オープンスペースとさまざまな好ましいタイプの建築の組み合わせを考えることが可能である。仮にオープンスペースのそれぞれの東西南北面に、美術館、図書館、スポーツセンター、音楽ホールと並べてみよう。これらの施設は当然、独特のサポート施設をその近傍にもち、相互の利便性を図ろうとす

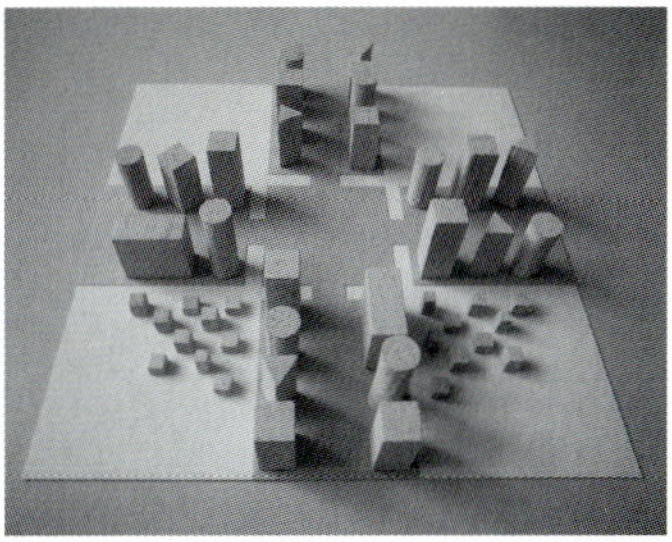

細長いオープンスペースを取り巻く施設

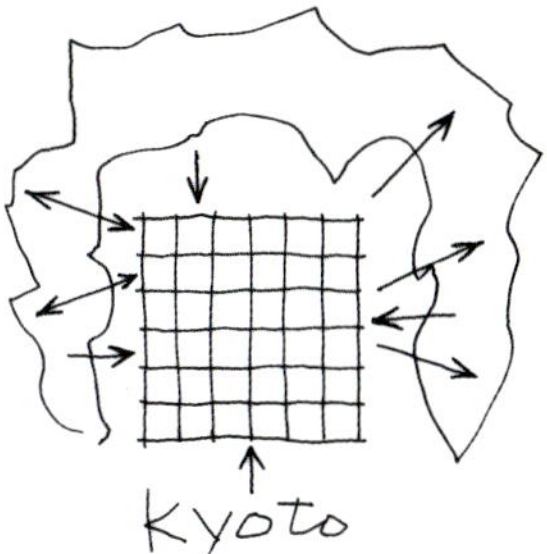

山に囲まれ連続する名所群

るだろう。人口一〇万人くらいの小都市であれば、そうした施設群のシナジーが十分期待できるかもしれない。人びとがオープンスペースを利用してさまざまな施設を効率よく訪れることもできるだろう。小中学校の先生はオープンスペースで子どもたちとさまざまな学習の場をもつこともできるし、その様子を見にくる高齢者たちを惹きつけるかもしれない。

　また、オープンスペースは求心性と遠心性とを同時に併せもっている。その周縁に対して及ぼす力は、エッジでの展開に影響を与えるであろう。都市のレベルにおいて、たとえば京都は、グリッドパターンの中核の三方が山に沿って連続したオープンスペース（名所）群で囲まれていると理解してよい。

　たとえば、核となるオープンスペースから四方に細長いオープンスペースが延びるような図を想像してみよう。その細長いオープンスペースに面して中高層の建物が立つという姿はどうだろうか。この姿から品川駅の旧国鉄操車場跡に建設された、緑地を挟んで展開する高層ビル群《品川インターシティ》を想像してみてもよい。この高層ビルの裏面を広い道として考え、その他の領域は低層、低密度の建築群と考えれば、低層、高層それぞれの特色が互いに迷惑をかけずに共存しうる配置となる。

　あるいは縦細の三角形のオープンスペースを考えてみよう。鋭角の頂点の周辺には子ども・高齢者の施設が設けられ、ヒューマンなスケールが維

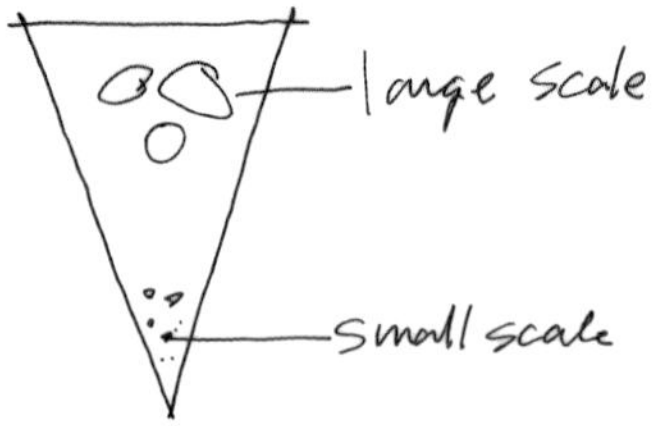

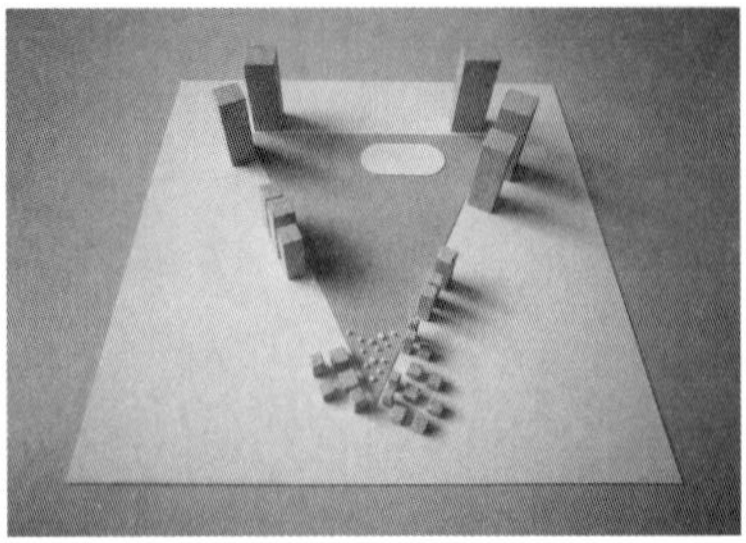

三角のオープンスペースを取り巻く施設

持されている。三角の横幅が増えるにつれて、それに見合う成人用の遊び場も増える。最後の底辺にはちょっとした競技施設などが設けられてもよい。そこにはスポーツショップが集まってくるかもしれない。三角スペースの中心には、子どもも含めて違う年代層の人びとが集まることのできるパビリオン風のカフェなどがあってもよい。このようにオープンスペースを主体に考えることによって、さまざまな人間の好み、ふるまいから、三次元空間のありかたが誕生しうることが示唆される。

また、オープンスペースは災害に強い。あるいは災害に強いオープンスペースが求められる。その利点は避難、延焼防止、さまざまな物資の備蓄も含めた緊急時対応施設を地下に設けられることなど、かぎりなくある。最近アメリカでは地下公園が実現しようとしている。オープンスペースの一部地下化は、多くのアイディアの展開を可能にするであろう。

オープンスペースは本来高い汎用性を有している。したがって室内空間として最も高い汎用性をもっているテントとの組み合わせはどうだろうか。たとえば規格化されたテントの支柱は、あらかじめオープンスペースの地表面の開口部とセットにしうる。テントは災害時にも有効に利用されるであろうし、ふだんは地下の

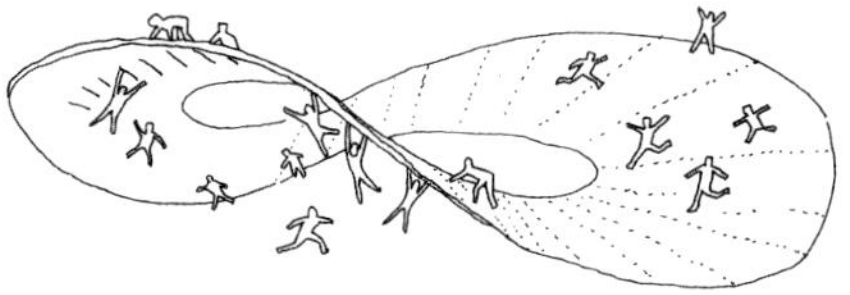

メビウスの輪を模した遊具

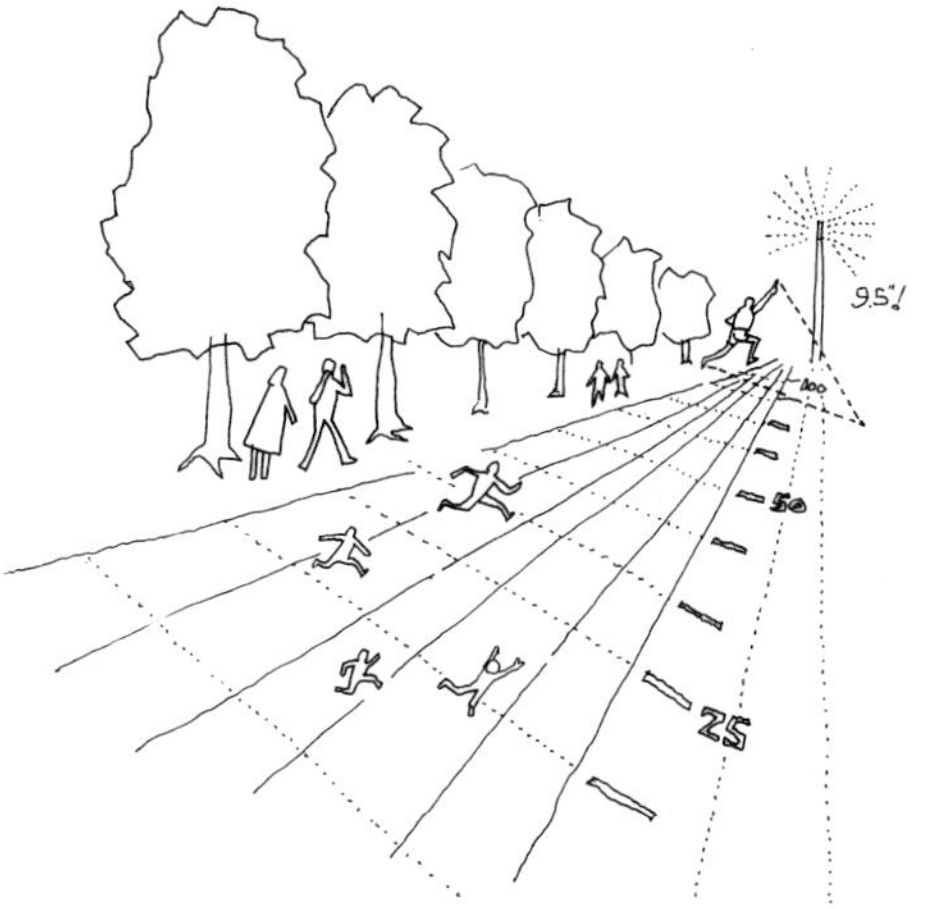

世界記録ベル付き100メートル走路

備蓄庫に収納しておけばよい。

また大きなイベントに使用されるときは、他のオープンスペースのテントを借用することも可能だ。我々の設計した《セントルイス・ワシントン大学 サム・フォックス視覚芸術学部》は、二〇〇六年の開館日、ミズーリ州最大のテントを借用した。二〇一五年に出席したダッカでの国際会議も、数百人を超える収容力をもつテントで開催された。その最終日には、前日の豪雨のためテントが一部破損していたという笑い話もある。

日本のように深刻な人口の減少、少子高齢化に伴う税収の減少が予測されている国では、いずれ多くの公共施設の維持、運営が困難となる。そのとき、汎用性の高いオープンスペースとテントの組み合わせは脚光を浴びるに違いない。

オープンスペースにもっとユーモアを

我々の日常生活のなかでいちばん欠けているものにユーモアがある。みなが笑えるユーモアを仕掛けることも、オープンスペースの重要な役割である。

たとえば一〇〇mの走路をつくる。九秒五八というウサイン・

2070年の旧国立競技場跡

ボルトのもつ世界記録でベルが鳴る。走者は直ちにボルトとの脚力の差を計測できるのだ。あるいはメビウスの輪という不思議な輪のことは誰でも知っている。実際に大きなメビウスの輪をオープンスペースに設置し、輪に設置されたレールを頼りに子どもたちがその連続体を経験するようなことは不可能だろうか。ブランコと滑り台だけが子どもの遊び場ではない。

あるフィクション——二〇七〇年、旧国立競技場跡

「お父さん！　僕が三五m走ったら、ボルトのベルが鳴ったよ！」

子どもの弾んだ声が聞こえてくる。「僕は四〇m走ったら鳴った」と別の声。どうやらボルトの偉大な記録はまだ破られていないらしい。もちろん子どもたちはここで半世紀前オリンピックが開催されたことはまったく知らない。多くの若い世代の人たちも。ただ二〇二〇年の酷暑のオリンピックで多くの参加選手たちが競技を拒否したことだけは今も語り継がれている……。

巨大な維持管理費を支払えなくなった老齢国家・日本が世論に押されて、施設の撤去を決定したのは何年前のことであったろうか。ただ競技用トラックと一万人分くらいの芝生の観客席が樹木に囲まれて残されている。

いちばんヒットしたのは、大人も子どもも楽しめる、世界に類を見ない参加型のスポーツ広場にしたことだ。蹴鞠とサッカー、羽根つきとバドミントンなど、スポーツの歴史もここで教えてくれる。外国からの親子連れもあとを絶たない。そして内も外も素晴らしい子どもたちの交流の広場になっている。東京に新しい名所が誕生した。もうひとつ嬉しいことは二〇二〇年のオリンピックのために撤去された集合住宅が、新しい姿で再建されたことである。

ディスカッションへの誘い

この一連の考察は、幼少の頃の原っぱ、また大都市のさまざまな既存のオープンスペースの記憶、経験という、私なりの都市の原風景の構築から始まっている。

しかし従来の公園、憩いの場という概念を否定し、オープンスペースはもっとさまざまな知的考察の対象となりうるのではないかと提言している。もちろん憩いの場という機能はそのままあってよいが、この提言は、それ以上に我々の都市生活をより豊かにする何ものかが、ポテンシャルとしてそこに潜んでいるのではないかという問いでもある。なぜならばこの一世紀、多くの地域の近代化の過程のなかでつくられたモダニズムの建築は、かならずしも多くの人びとに都市生活の歓びを与えるものばかりではなかったからだ。もちろんさまざまな建築の工夫もさらに必要ではあるが、建築の外にあって建築の侵入を許さない、より独立した存在としてのオープンスペースにさらなるパワーを与えることが重要なのではないか。

ここでの提言は未完であり、不十分なものもある。私は、オープンスペースであるからこそさまざまな意見をもった人びとが参加しやすいと、先に述べた。それと同様にこのエッセイは、オープンスペースのように、さまざまな人から、「いや、そうではない」あるいは「私はもっといいアイディア、意見をもっている」といった声を求める誘いでもあるのだ。

たとえば技術者、ランドスケープアーキテクト、都市計画家、あるいは先述した文化人類学、社会学、自然環境、都市歴史学などの領域の研究者の意見もさらに聞いてみたいと思っている。

このように専門領域を超えたディスカッションの対象として、オープンスペースを取り上げてみた。おそらくこの問題はグローバルなレベルでも関心をもってもらえるのではないか。バーナード・ルドフスキーの『建築家なしの建築』（鹿島出版会、一九六四年）によってヴァナキュラーの建築が一挙に注目を浴びたように。そして、この「アナザーユートピア」はかつて原広司研究室での集落の研究において取り上げられた空間領域の問題に通底するものでもあるのだ。

オープンスペースのスケールの大小を問わなければ、対象領域は無限にある。都市人口が急激に増加している開発途上国、成熟社会におけるさらなる郊外化、日本のように人口減少に比例して増加する都市のヴォイド空間など……。

他のところでも指摘してきたように、現在我々の都市、建築のジャンルで必要なのはディベートなのではないだろうか。

このエッセイが、そうしたディベートの発起点になることを望んでいる。

アナザーユートピア

「オープンスペース」から都市を考える

槇文彦・真壁智治＝編著

NTT出版

アナザーユートピア　目次

序論　「アナザーユートピア」への誘い

真壁智治

1――モダニズムの先へ

槇文彦の論考「アナザーユートピア」には伏線が潜んでいる。「この一世紀、多くの地域の近代化の過程の中でもモダニズムの建築は必ずしも都市生活の悦びを多くの人びとに与えるものばかりではなかった」と槇はモダニズム建築への総括を述べ、そのうえで、槇自身の記憶に残る原風景を繙きながら、都市の存在と密接であった「オープンスペース」へと想いをめぐらす。そして、その記憶・経験が重要ならば、「一度、オープンスペースから都市のあり方を考えてみてもよいのではないか」と提案する。

つまり、「アナザーユートピア」は、議論を巻き起こした先の論考「漂うモダニズム」(『新建築』二〇一二年九月号)に次いで、三・一一の東日本大震災を経ての槇のラディカルな問題提起となるもので、黄昏ゆくモダニズムへの状況認識と「これから」への確認を迫るものとなっている。

都市をオープンスペースから考え直すことで、人びとに都市で暮らす悦びをより多く与えられるかもしれない、と示唆するこの論考は、建築家であり、アーバンデザイナーである槇の立ち位置からの長年の経験・観察・見識によるものであり、そこには、都市において人間の回復は可能か、という根本的な問いがある。そこで、この論考への応答を介して、次代へつなぐ都市論を展開できるのではないかという企図のもと、本書は企画された。

しかし、オープンスペースの議論は、それがパブリックスペースとしての議論に抵触してくるため、建築以上に社会的・政治的な問題を孕む。よって、建築や都市計画といった専門分野にとどまらず、社会科学や人文科学の知見を広く募る必要がある。槇自身もこの論考を未完成であり不十分であるとし、さまざまな分野からの応答を要請している。

たとえば技術者、ランドスケープアーキテクト、都市計画家、あるいは文化人類学、社会学、自然環境、都市歴史学などの領域の研究者の意見もさらに聞いてみたいと思っている。このように専門領域を超えたディスカッションの対象として、オープンスペースを取り上げてみた。おそらくこの問題はグローバルになレベルで関心を持ってもらえるのではないか。（中略）他のところでも指摘してきたように、現在我々の都市・建築のジャンルで必要なのはディベートなのではないだろうか。このエッセイが、そうしたディベートの発起点になることを望んでいる。

（本書xvi頁）

したがって、本書では、槇が抱くオープンスペースのポテンシャルに対して、執筆者たちが各々の立場から、都市現実を突破してゆくためのプロブレマティックな視点を提起し、闘うべき対象を明らかにしてゆければと考えている。さまざまなジャンルからの、さまざまな意見が「アナザーユートピア」へのロードマップをより確かなものとして共有化しえたら、と願う。

2——二つの視点

オープンスペースを議論してゆくうえで参照したい視点が二つある。

一つは、建築家・都市計画家の大谷幸夫の『空地《くうち》の思想』（北斗出版、一九七九）。大谷はギリシャの広場

（アゴラ）の形成過程を踏まえ、ただの空地が次第に市民社会に必要な機能を持ちだし、さらには政治体制や社会のしくみが整うにつれ統治的な施設が広場に付帯してゆく様を見る。

そうした施設ができる一方で、施設にできないような、あるいは、特定の施設にしないほうが良い活動や行動・機能などが広場に残っている。だから、施設化すること、建築化することができない活動なり生活というものがある。（中略）人間の生活・社会の活動のすべてが施設として結晶するものではない。そういうもののための場として広場というものがある。

（大谷『空地の思想』）

大谷は広場からさまざまな施設や活動が生まれてきた経緯を踏まえ、広場こそがものごとの発生源と読み解き、そのうえで、施設に置き換えられないものを広場や空地といった形で人間にとっての活動を保証することが必要と説く。さらに、現代の都市が施設化できないものは価値がなく、存在しないかのように扱っていることを批判し、「都市を既知のもので埋めつくしてはいけない」と強く問う。都市のオープンスペースに施設化しえない留保さるべきニュアンスの場所という想念をそこに重ね合せようとした。それは生み育てるものへの期待を込めてのものだった。

もう一つ、オープンスペースの議論で不可欠な視点に、社会学者アンリ・ルフェーブルの『都市への権利』（森本和夫訳、筑摩書房、一九六九年）を挙げよう。

都市革命となる一九六八年の「パリ五月革命」の渦中に発表され、工業化社会から都市化社会への移行の事態を考察し、「都市」と「都市現実」に対して都市戦略を示した。そこには、「都市の権利」と

「日常生活批判」という二つの視点がある。「都市の権利」の視点から見れば、「アナザーユートピア」は都市の時間（時間割と祭り）と空間（街区と住区）との日々の葛藤・拮抗として獲得されてくるものであるだろう。他方、「日常生活批判」の視点から見れば、人びとが都市生活の時間と空間の内にその余地を見つけだし、解釈し、名付けようとする行為を経由して誕生するものである。いずれにしろ、アナザーユートピアは与えられるものだけでは成立しない。当事者としてのふるまいが不可欠になる。

ルフェーブルは都市計画などに現れる前望主義的なユートピア主義を否定し、誰もがユートピストであることを慎重に見極める。「実験的ユートピア」についてこう言及する。

ユートピアは、その諸々の伴立や帰結を地所の上において研究しつつ、実験的に考察すべきものである。それらの伴立や帰結は、われわれを意外さによって驚かせることがありうる。社会的に成功した場所はいかなる場所であり、将来いかなる場所となるであろうか。どのようにして、それを検出すべきか。いかなる基準によって検出すべきか。これらの〈成功した〉空間、すなわち幸福に好都合な空間の中には、いかなる時間、いかなる日常生活のリズムが、記入され、書かれ、処方されるのか。これこそが興味を引くことである。

（ルフェーブル『都市への権利』）

ルフェーブルは、都市計画の流行の一方で、それがイデオロギーとなり、実践となっているにもかかわらず、「都市」や「都市現実」について十分に認識されていないことを問題にする。『都市への権利』はこれらの問題をより意識のなかへ、より政治的プログラムのなかへと入らせることをねらいとしていた。槇が「アナザーユートピア」の「アナザー」に込めたものは、ただオープンスペースというだけでなく、日常の、そしてナニモノカにふれる、さらには記憶に残る人びとの都市生活の悦びを与えるなにかであり、ルフェーブルの「実験的ユートピア」が生む幸福とどのような親和性があるのだろうか。そこにいかなる時間、いかなる日常生活のリズムを見いだすことになるのだろうか。

3——土地との交信

都市のオープンスペースの議論では、建築の場合以上に問題としたいものに、「土地」からの視点がある。なぜならば、オープンスペースは立脚するその土地の資質そのものが本来主体となると言っても過言ではないからだ。土地の地勢、自然、精霊。そして土地の縁起と由来。それらのスガタが人びとの記憶に残る。そうした土地の持つ特性・文脈の様相を背景にして、オープンスペースの存在がある。

しかし、近代化と共にオープンスペースの形成には、この「土地との交信」が希薄になり、それが単なる物理的な空白やすきまとして扱われてきたのではないか。これらも「人間の危機」と「都市の危機」を加速させてきた要因でもある。土地との交感を生む人間の「自然」を明らかに衰退させてきた。

したがって、都市をオープンスペースから考え直すことは、人間が都市で暮らす悦びを考え直すことになり、と同時に、人間と土地との関係を生きたものとして考え直すことに向き合わざるをえない。私はオープンスペースを議論するうちから、土地の力への見直しと気付き、さらには土地への帰還や交信というテーマの浮上を期待したい。それは同時に人間の「自然」の回復への道を示すものになろう。

槇は都市とオープンスペースとの恩恵的接点として「エッジ」(『京都と周囲の自然』)を挙げている。これも、つまるところ「土地との交信」による建築的な交換と呼べるものではないか。次代の新しい都市論にはそれらが必要だし、オープンスペースからの都市のあり方を考えてみることが「土地」への再考の絶好の機会となるに違いない。ここで、シビル・モホリ＝ナギの言葉を援用しておこう。

人間の環境こそは、恒久的な科学秩序の象徴となりうるものであるという技術主義的幻想は、都市というものが多様性に対する暗黙の了解に秩序づけられているという歴史的事実をまったく知らないものと言える。

(ラズロ・モホリ＝ナギ『ザニューヴィジョン』ダヴィッド社、一九六七年)

4――オープンスペースを考えるためのヒント

オープンスペースから都市のあり方を考え直すことが本書の主題だが、近年、オープンスペースと建築との関係にも変化が生まれてきている。オープンスペースから建築を考え、いったん建築を引いて見る態度につながるゆえに、議論のヒントとして、最近の動向をいくつか挙げたい。しかも、それらが都市のオープンスペースのあり方の拡張を示唆しているように思う。これらを私は「小さなオープンスペース」と呼んでいて、これらは「アナザーユートピア」で指摘される「オープンスペースはエッジに囲まれた領域」の存在に呼応する実践となるものだ。それらを通して改めて「オープンスペースは、エッジで囲まれているからこそ自由である」との槇の言説が実感される。

①施設化しないオープンスペース

《杉並区大宮前体育館》（青木淳、二〇一四年）

《武蔵野プレイス》（比嘉武彦・川原田康子、二〇一一年）

いずれも極めて曖昧な空地・余白を抱えた建築である。《杉並区大宮前体育館》は主要施設を地下に埋設し、地域に根付いていた樹木と空地を残し、地表に現れる建物を極力抑えた計画で、大きな施設の割には、オープンスペースのなかにポツンと建築が控えめに建っている印象を生んでいる。災害時に避難拠点にもなる想定で、地表部の空地が大きく確保されている。つまりは施設化しないオープンスペースと、施設化を隠す建築との共棲状態をここに見ることができる。《武蔵野プレイス》も施設用地と同程度の空地を前面に抱えた建築である。ここでも施設化しないオープンスペースが建築の存在を人びとに近しいものにさせる効果をもたらしていて、建築にも明らかに影響を与えているのが分かる。ここでも建築がオープンスペースに対してエッジの役割を担っている。

②建築に入りこんだオープンスペース

《アオーレ長岡》（隈研吾、二〇一二年）

《東京国際フォーラム》（ラファエル・ヴィニオリ、一九九六年）

この二つの共通点は、オープンスペースが建築に嵌入・挿入され、「ソト」が「ウチ」に一気に入りこんでいる建築であることだ。「ソト」と「ウチ」とがルーズで、気楽に、自然と建築のなかに進むことができ、建築へのアクセシビリティがとても高いのである。表示やサインにしたがって建築のなかを移動するのではなく、オープンスペースに沿って、その流れに身を任せて、建築にアプローチすることになる。オープンスペースの流れが多様な動線の軸になって、この軸に面していくつもの施設が配列されている。共にオープンスペースに対して、施設群が「エッジ」の役割を果たしている。これらの動向は、求められる新しい公共性の高い建築の一つの寛容なあり方を示しているのではないか。

③「装置」としてのオープンスペース
《La Kagu》(隈研吾、二〇一四年)
《3331Arts Chiyoda》(佐藤慎也・メジロスタジオ、二〇一〇年)

共にリノベーション建築である。《3331Arts Chiyoda》は中学校を地域の「アートセンター」としてリノベーションしたもので、手前の公園と一体に計画された。ここでは校庭が、機能が特定されないポカンとしたオープンスペースに生まれ変わっているのが大きな特徴である。そして、この公園と校庭が微妙に連なる大きなレイヤーとしての機能を固有に持つオープンスペースと施設とを接続するものが大きな「木製階段」で、〃立派でない〃、〃汎用性のある〃、〃誰とでも居られる〃、そしてなによりも〃カワイイ〃階段である。《LaKagu》は出版社の倉庫をリノベーションした複合型商業施設で、坂道に沿ってその存在をより可視化するために大きな「木製階段」が設置されている。両者に共通して見られるものは、オープンスペースに対する「エッジ」の装置化であり、穏やかな「エッジ」の強調で、人びとの多様なふるまいをそこに生み出している。

④「道」としてのオープンスペース
《渋谷キャスト》（日本設計他、二〇一七年）
《COREDO日本橋／COREDO室町》（日本設計他、二〇〇四年／二〇一〇〜二〇一四）

共に再開発事業となる大型建築である。この二つの建物に共通するものは、接地階での貫通する「道」の存在で、表通りと裏通りがオープンスペース（感覚）でつながっている。共に通り抜けられる道を内包し、貫通する道に沿って多様なふるまいが発生している。オープンスペースのスケール感の変化も楽しく、二つの異次元を通過する体験が街の奥行きを感じさせる。

たとえば、《渋谷キャスト》では渋谷の地勢を反映して貫通する道が大階段となっているので、青山側の高い位置から明治通り側の低い位置への移動はパノラミックで、日常的でありながらも非日常的な都市体験を生んでいる。オープンスペースの余韻を背に受けて建築を通り抜けてゆくことができる。都市の新たな「ステージ」あるいは「コネクター」の予感があり、これも「小さなオープンスペース」の動向になる。

⑤「屋根」のあるオープンスペース
《北本駅西口駅前広場》（アトリエ・ワン、二〇一二年）
《熊本駅前広場（暫定形）》（西沢立衛、二〇一〇年）

日本特有の無機質的な広場に、格段、機能を持たない架構体（モニュメントではない）を持ち込み、共にオープンスペースに新しい局面を切り開いた実験作。

均質的な駅前ロータリーは、日本の都市空間の味気ない印象を生む大きな要因になってきた。車留めや車回しのためだけの機能にとどまり、そこが都市空間体験の出発点である、ということへの建築的想像力を極度に欠いてきた。

共に駅前広場の更新が目的だが、大きなフラットな屋根(天井)の架構体が通路の上に出現した。「スケール感」と架構体から都市を見る「フレーミング効果」がそこに生まれ、都市とのつながりがアフォードされる特長を示している屋根を持つ架構体がどこにもある駅前の風景(駅前に対して凡庸な街並みがエッジになっている)に対して駅前広場に新たな「エッジ」を創出している役割は新鮮である。

⑥「コミュニティ」としてのオープンスペース

《代官山T-SITE》(クライン ダイサム アーキテクツ、二〇一二年)

《ヒルサイドテラス》(槇文彦、一九六九〜一九九八年)

《ヒルサイドテラス》は、槇文彦が提唱する「人間のための都市」への理想的な実践として長年にわたり開発されてきたプロジェクトである。その成熟ぶりが、地域の魅力を生み、街のアイデンティティにまで育ってきている。

分棟型施設が点在する間をオープンスペースが縫うように連続しており、旧山手通りに対して、タテ方向の奥行きがグラジーション化している。このデザイン・コードが新規に開発された《代官山T-SITE》でも参照されて、《ヒルサイドテラス》と一体化して連続感を街に与えている。オープンスペースに対して建築が絶妙にエッジとして機能していて街の沿道性の魅力を圧倒的に作り出している好例となるものだ。

5──「共感のヒューマニズム」へ

「アナザーユートピア」の根っこにある問題意識として、槇文彦の別の論考「独りのためのパブリックスペース」(『新建築』二〇〇八年一月号)にも言及しておきたい。ここにもオープンスペースから都市を考えてゆくうえでの不可欠な視点が介在するように思うのだ。槇は「都市の孤独」という主題に、建築家・アーバンデザイナー、さらには生活者として向き合ってきた。「都市の孤独」とは、「群れる」という都市の本質の対極にある、都市に住む者が持つ根源的な欲求である、と言う。そして、建築において、都市の孤独が文学や他のジャンルの芸術ほど追求され、語られてこなかったことに疑問を呈す。

都市のパブリックスペースとはその場所・規模・性格の如何にかかわらず、独りの人間にとって、時に安らぎを、また時に感動を与えるものでありたいという願望は常に存在し続けているという認識を放棄してはならない。

(槇「独りのためのパブリックスペース」)

都市のオープンスペースは公開空地を含め、過半がパブリックスペースである。これは、パブリックスペースが平等・公平という大義をもとに、個というものを蔑ろにして、集合・集団・全体へと陥りがちなことへの戒めだろう。ここには、パブリックスペースにこそ、まずは独りで居られる豊かな体験を創出すべきものだ、という強い意志が示されている。

本来、パブリックスペースとは人を集め、流す道具立てだけではないはずである。つくる側の、設計する側の、そしてそれを利用する人びとのこうした現象に対する批判能力が停止した時、われわれの都市から〈優しさ〉が次第に消失していくのではないだろうか。

（前掲「独りのためのパブリックスペース」）

一九六〇年代、反戦フォークゲリラ活動の中心地であった新宿西口地下広場が、一夜にして権力により「通路」に書き替えられ、流すだけの道具になったことがあった。群れるなかでの独りの悦びがそこに在ったが、現在、「通路」とも「広場」とも、その場を標す一切の表示はない。ただの「ヴォイド」がそこに在るだけだ。

都市の〈優しさ〉とは、こうした事態とは真逆のことであり、そこに「共感のヒューマニズム」（槇文彦）が育ってこそ現れるものなのだ。槇が言うように、「独りにとって素晴らしいパブリックスペースとは、また多くの群衆が集まった時にも素晴らしいスペースである」。このことを念頭に「共感のヒューマニズムがつなぐアナザーユートピア」を構想していく必要があろうか。

そのためにも、私は「独りのためのパブリックスペース」研究の必要性を強く感じている。それはかつてのエドワード・T・ホール『隠れた次元』（みすず書房、一九七〇年）の系譜のなかに在るもので、オープンスペースが人びとの悦びを引きだす効用・効果、つまり媒介性を誘発する人と場のしくみを広く共有化してゆきたい。そして、なによりも都市から〈優しさ〉を消失させるわけにはいかないからだ。

本書は、槇の論考「アナザーユートピア」に四つのステージからの応答を試みる。

Ⅰ　オープンスペースを考える
Ⅱ　オープンスペースを調べる
Ⅲ　オープンスペースをつくる
Ⅳ　オープンスペースをつかう

都市計画、まちづくり、都市デザイン、建築デザイン、ランドスケープデザイン、アート、さらには人類学、社会学、歴史学、法学などの諸立場からの「視野」では、オープンスペースの受け止め方や問題の対象域も多少異なるだろう。そこに応答の意義が生まれてくる。オープンスペースへの視点と根拠、その方法的仮説、そしてオープンスペースから捉える施設の提案、コミュニティ再生策などを自由闊達に議論する場としたい。槇が示したオープンスペースという都市の余白に、次代につなぐ都市論の行方、さらには「アナザーユートピア」が見えてくるだろうか。

Ⅰ　オープンスペースを考える

1 原っぱの行方

青木淳
Jun Aoki

1956年、横浜市生まれ。建築家。磯崎新アトリエに勤務後、「面白いことなら何でもしよう」と、1991年に青木淳建築計画事務所を設立。個人住宅を始め、《青森県立美術館》、《杉並区大宮前体育館》に代表される公共建築、ルイ・ヴィトンの商業施設など、作品は多岐に渡る。著書に『原っぱと遊園地』(1・2巻、王国社)、『フラジャイル・コンセプト』(NTT出版)、編著に『建築文学傑作選』(講談社)など。

共同感覚としての原っぱ

かつて建築の世界では、奥野健男の『文学における原風景』がよく読まれた。槇文彦は、「アナザーユートピア」で、こんなふうに紹介している。

一九七二年に刊行された、奥野健男の『文学における原風景』は建築家にとって衝撃的な評論であった。七〇年代の初め、建築、都市の状況に対してある種の閉塞感が漂っていただけに、原風景が我々にとって現在の都市の存在感と密接に繫がっているというこのエッセイの指摘は、きわめて新鮮であった。私も子どもの頃、家の近くの原っぱで友人たちと存分に遊んだ記憶がある。

（本書ⅱ頁）

キーワードは「原っぱ」だ。「原っぱ」こそ、「原風景」だからだ。奥野は一九二六年の生まれ、槇は一九二八年の生まれ。原っぱの情景を伝えるのに引かれるのは、一九二七年生まれの北杜夫の『楡家の人びと』や『幽霊』だ。

原っぱの隅には古びて廃墟じみた赤煉瓦の建物の死骸が残っていた。昔の楡病院の病棟のなごりであったが、あちこち崩れかけ、未だにむなしい、おぞましい、傷ついた空洞をもつ形骸をさらしているのだった。子供らもそのそばには近寄りたがらなかった。なぜなら彼らの間では、そこは「気ちがい女が首を吊った跡」と口々に言い伝えられていたからだ。従って彼らは、この自分の貴重な遊び場、いくらか気味がわるいなりにそれだけ魅力的なこの空地を、「脳病院の原っぱ」と呼んだ。

（『文学における原風景』集英社、一九七二年）

原っぱには、楽しさと凶々しさが共存していた。原っぱは、まずは、児童公園のような「お仕着せの遊び場」ではなく、「非公認、非合法に子どもたちが占拠した秘密の遊び場」だったからだ。それに、「人さらいだと子供からおそれられていた大きな籠を背負ったバタ屋が、〃原っぱ〃に小屋掛けしてそのまま居着いてしまうこともあった」し、また「ごみ捨て場になり、犬や猫の死骸や得体の知れぬ骨が転がっている場所もあった」。

そんな記憶を辿りながら奥野は、原っぱとは、聚落のはじまりであったもともとの聖域《サンクチュアリ》が、いつしか禁忌《タブー》空間に遷移したことで、都市の空洞として残り、さらにその来歴が忘れ去られた空間なのではないか、という仮説を立てている。子供たちがそこで「無意識的で無目的な」遊びに没頭するのは、彼らが原っぱのその来歴を遡って、「原初的な素朴な人間性に還ろうとする」、そんな人間の本能の現れではないか、というのである。

この本の素敵なところは、原っぱの情景が具体的に記録されていることだ。

草の根、芋づる、球根を掘り起こす。蟻やもぐらの巣を掘り返す、石をひっくり返し、その下にいるゲジゲジなどの虫をおそれおののきながら殺す。穴を掘り、おとし穴をつくったり、その中に隠れる／泥や砂に、池から汲んで来た水を混ぜる。土まんじゅうを捏ね、トンネルを掘り、とりでをつくり、土を捏ねて皿や人形や動物をつくり出す／水鉄砲、シャボン玉、水溜りのおたまじゃくしやぼうふらやあめんぼうや水すましをすくう／カンシャク玉やピストルの紙火薬、黄燐マッチ、レンズで紙を焦がす／兵隊ごっこやピストルを撃つ泥棒ごっこ／おしくらまんじゅう／かくれんぼ／鬼ごっこ／ゴロベース、キャッチボール、野球／ベイゴマとメンコ。

（前掲『文学における原風景』）

これらの情景は第二次世界大戦前、一九三〇年代前半の原っぱのものである。もちろんそれから第二次世界大戦を経て、一世代後のぼくが、一九六〇年代前半に経験した原っぱは、それとはだいぶ違っている。

ぼくの時代では、原っぱは、宅地造成の途中でうっちゃっておかれたため、私有地であるにせよ、赤錆だらけのバラ線（軍事物資だ）が、子供たちのくぐり抜けでところどころ広げられたり、切られたりしていた土地だった。中は、子供の背丈ほどのセイタカアワダチソウが繁茂していて、かき分けて進むとオオオナモミ、コセンダングサなどの「ひっつき虫」（北米からの帰化植物だ）が、セーターに絡みついた。アワフキムシやカマキリの卵が、藪のいたるところに見つかった。砂利と土管（インフラ整備の材料だ）があって、戦争ごっこの基地になった。武器は銀玉鉄砲か2B弾で、今考えたらその原っぱで遊ぶ子供たちを当てにしていたとしか思えない、駄菓子屋がその隣にあった。棒状のコンニャクゼリーを歯でしごくと、舌が真っ赤になった。赤錆とペンキの色と混じりあったドラム缶（やはり軍事物資だ）が何樽か転がっていた。そのドラム缶を背にして、幾分かの広がりがあって、三角ベースができた。ボールを追って、藪に突進すれば、ネズミの死骸に出くわした。

違うところは多い。しかし、そこが公認されていない治外法権的な空地であったこと、一寸先に見てはならない凶々しさが潜んでいること、それゆえか、この世界にありながらも別世界へのとば口でもあったことが共通している。

あの凧あげの戦慄をおぼえているだろうか。風に向って懸命に走ってもめったにはあがらない凧が運よくあがったとき、凧はみるみる虚空へ遠ざかり、風にゆられ、遥かに小さく眺められる。その凧とは細い一本のひもだけでつながっている。まるで自分の魂が虚空へとぶようなたよりなさ恍惚それこそ眩暈の遊びである。ぼくは快感より、心細さで、おしっこをもらしたほどだ。

（前掲『文学における原風景』）

原っぱの風景は、世代によって、地域によって、大きく違う。なのに原っぱという言葉は、なつかしさと凶々しさが混ぜこぜになった場所の感覚を、多くの人に共通して思い起こさせる。一九六三年生まれの岡崎京子の『リバーズ・エッジ』に描かれる河原にも、原っぱの系譜はつながっている。

河原のある地上げされたままの場所には、
セイタカアワダチソウが
おいしげっていて
よくネコの死骸が転がっていたりする

（『リバーズ・エッジ』宝島社、一九九四年）

「原風景」とは誰か一人だけの心にあるものではなく、人間にとっての、ひとつの根源的な共同感覚を指すのである。アメリカの町にも、サンドロット（sandlot）と呼ばれる子供たちの聖地、原っぱがあった。原っぱについて考えるとき、このことは大きい。

隅っこという絶対的なもの

この原っぱという原風景を、奥野は、バシュラールに倣って、「都市の中での〝隅っこ〟」と言い換えた。しかし、「隅っこ」とは何のことだろう。

たとえば、北杜夫を見ようか。『幽霊』では、「家から一町ほど離れた」「脳病院の原っぱ」が、自分にとってすべてを熟知した「周知のものになっていった」ことに触れられた後、その原っぱの先にある墓地で従兄と迷子になった体験が語られている。すっかり道を失って、心細さにしおれて歩いていると、従兄が「ほら、あそこはもう原っぱさ」と言う。その瞬間に訪れた「もうすこしで笑いだしそうになった」安堵と、それが誤りであったことを知ったときの大きな狼狽。

原っぱが「周知のものになっていった」というのは、その空間が自分自身と分かち難く一体化していった、ということだ。「ぼく」が原っぱになり、原っぱが「ぼく」になる。しかし人は、いつまでも、そんな原っぱのなか、つまり自分のなかだけで、生きていくことはできない。いつか、そこから外に出ざるをえない。そして一歩出れば、広大無辺な世界（ここで語られている墓地は、青山霊園である）が広がっていることに気づく。

子供は、原っぱを出て、原っぱが、つまり自分が、この世界の片隅であることを知る。そしてそのとき、「ぼく」はぼく自身であることを発見する。こうして人は、幼年期から少年期へ成長する。と考えていくと、「隅っこ」が、物理的な意味での片隅という以上に、まさにバシュラールが『空間の詩学』（ちくま学芸文庫、二〇〇二年）で書いているように、「ぼくはぼくの存在する空間だ」という詩句が示す意味での、存在の「もっともみすぼらしい」「避難所」であることがわかってくる。

原っぱは、都市における「隅っこ」かもしれない。しかし、「隅っこ」という言葉からもっと素直に連想されるのは、小屋ではないだろうか。ぼくはなかでも、川崎長太郎の小屋を思い浮かべる。川崎長太郎は、一九三八年五月から一九五八年七月まで、キティ台風でトタン屋根の大半を飛ばされるまでの二〇年間、小田原の海岸に立つ物置小屋で寝起きし、小説を書いた。

人間の棲家とはいえまいが、とにかく赤畳が二畳敷いてある小舎である。私名義のものなので家賃の心配はない、南に向いて観音びらきの窓があるので日当りには申し分がなく、目の下から防波堤まで六七間近くの空地に、よくおしめや腰巻や着物など干される。そのあい間から一望のもと海が見えるのである。日ざしは屋根のトタンのすき間や小穴などからさしこんで、その移動につれ、今何時頃と大体時間の見当もついて私は床を離れるのである。しかし日や月ばかりでなく、ふきぶりの日には雨も見舞って寝ている顔にかかり、目を覚ますこともある。もともと魚の箱や樽を入れるためにできた小舎なのだから便所はない。朝の用は容器ですまし、夜になってそれを浜に捨てに行くのである。朝めしを食う食堂や郵便局の洗面所で、始めて手を洗い顔を洗う。日あたりはいいが、曇り日の寒さは強い。屋根も周りともトタン一式で、壁とか板とかは用いてないから冬の小舎の空気は外より凍みるようである。吐いてみると息が白くみえる。それに火鉢というものを置いてない。東京でもひと冬下宿屋で火鉢なしで過した経験があるが、小田原の冬もそうで、火鉢や炭はどうにか手に入る勘定だが、第一は無精者とて毎日火をおこすのがめんどうなのである。ついでに、留守の時火鉢の火の不始末から火事を出してはと恐れるのである。そこで私は蠟燭のあかりで暖をとることにしている。電灯はなく一本十二銭の太めの蠟燭をつけているのだが、そいつで本も読めば手もあぶるのである。

この原稿を書いている机は、ビール箱に木綿の大風呂敷をかぶせたお粗末なもの、蠟のこぼれやインキのしみで大分よごれてきた。室内装飾というのも妙だが、二つの額が吊してあり、二枚の地図がはりつけてある。知友から贈られた小説本その他が重なり並び、一輪ざしに紅梅の一枝をみる。まあそんなところであろうか。おしめがくれにしろ海の眺望、これが何よりのものである。また寝つきにも目ざめにも耳にきこえてくる波の音であった。

（「蠟燭」、『鳳仙花』講談社文芸文庫、一九九八年 所収）

ぼくには、この描写もまた、「原っぱ」を思わせるのである。

ともかく、朝起きて、彼は物置小屋を出ると、食堂に向かい、日がな一日、歩いた。一義的には、脳卒中になるのを防ぐためである。しかし、その散歩はそれ以上のものだった。

敗戦後も同じ筆法だった。あてもなく、ぶらぶらと、大空の下を、足の向くままに歩いて行く気持は、何か侘しげなような、心愉しいような、書いたり読んだりすることより、もっと自分にぴったりする感じのものだった。足代がままになると、箱根の山の中、伊豆の磯路あたり、よく遠歩きするようだった。日に一度は、早川の観音さまに出かけ、おまいりはせず、そこの茶店の縁台に腰をおろし、黄金色の茶をのみ、一文菓子をつまんだ。往復に、ざっと二時間、かけがえのない日課であり、その日その日の色どりだった。

（「偽遺書」『川崎長太郎自選全集II』河出書房新社、一九八〇年所収）

唐突に「筆法」と置いて、書くことと歩き廻ることを、こともなく重ね合わせる。引用がついつい長くなるのは、彼の文章を書き写していると、歩行のリズムが感じられ、心地よく、なかなか止めるきっかけがつかめないからだ。川崎長太郎にあっては、筆法とはすなわち、歩くことだった。

こうした場合、生の中心は歩き廻ることのなかにあるわけで、小屋はいきおい、生の周辺、「隅っこ」に追いやられる。というのが不正確なら、小屋、食堂、「町中、城址、海岸、近在の田圃」、そして抹香町と呼ばれた遊郭からなる、いくつもの地理的点をつなぎあわせた円環を巡る、歩行の反復が生であって、それぞれの点は、それがどれであっても「隅っこ」としての相を帯びざるをえない、と言い直したほうがよいかもしれない。どこにも中心がなく、どこもが片隅としてある。

ここでも、「隅っこ」は、単なる物理的な意味での片隅ではない。

しかし、彼の小屋を「隅っこ」、つまり存在の「もっともみすぼらしい」「避難所」にふさわしいものとしているのは、その小ささでも、粗末さでも、電気、水道の通っていないことでもなく、それが本来的に「魚屋の商売道具や、近所の漁師から預かった網や縄が、一杯詰め込まれた」物置小屋であったことではないだろうか。実際、その物置小屋は、「マッチ箱のように小さい」母屋と比べて、「不釣合に大きい」もので、決して粗末なものではなかったという（「忍び草」、前掲『鳳仙花』所収）。試しに、それが小さな、自前の掘っ建て小屋だったとしたらどうだったかを想像してみれば、少しはっきりするかもしれない。

たとえば、あり合わせの素材で、雨風をしのぐばかりに、即席に編まれた貧しいバラックであったとしよう。すると外の世界は、その小屋の巣めいた閉じた暗がりと対比される、明るく豊かな開かれた世界に感じられてくる。抹香町が華やかで艶やかな世界に輝きだし、貧しさのなかで無理して背伸びした時空に思えてくる。

あるいは、「赤畳が二畳」よりは一回り大きい、『方丈記』の一丈四方（今でいう四畳半程度か）の庵であったとすれば、それとは逆に、外の世界は、出家遁世した小屋の清貧に対しての、「財あれば、おそれ多く、貧しければ、うらみ切なり」の俗世である。抹香町は、俗の最たるところかもしれない。

しかし、川崎の「抹香町もの」は、一読してすぐにわかるように、そのどれもが、豊かさ／貧しさ、明るさ／暗さ、閉／開、清／濁、聖／俗という位相に、そもそも属してはいない。抹香町は、女たちにとって、また話の主人公にとって、身を寄せる「避難所」ではある。しかしそれは誰にとっても、ほんのひとときの仮の居処で、皆がそこを通り過ぎ、交差するだけの頼りない、そう、「もっともみすぼらしい避難所」なのだ。つまり、その場所はそれぞれの人為を超えて存在するところでありながらも、そこに安心してすがり、身を寄せられる安全な場所でもあるという、矛盾した性格をもつところであって、その矛盾において、いかなる二項対立による定位からも逃れているのである。

「隅っこ」とは物理的に中心と対比されてイメージされる片隅のことではなく、こうした過渡性に裏打ちされた、対比されるものを欠いた、絶対的な片隅のことである。それが川崎長太郎の描いた世界であり、それが彼の文学の本質的な構えだった。

そんな文学が書かれた場所が、同じく、ひとときの雨宿り的な、間借り的な「寄る辺」としての、漁のためという先住の機能を抱えた物置小屋であったことは、偶然ではなかったと思う。

逸脱しつづけること

ぼくも、ある空間の質を指して、「原っぱ」と呼んだことがある。

「原っぱ」とは、そこを使うことではじめて、そこで行われることが決まってくる質をもった空間のことで、その逆に、あらかじめそこで行われることが決まっている空間を「遊園地」と呼んで、空間がもちうる特性の両極を対比的に代表させた。

どちらがいい、という話ではない。どんな空間も「原っぱ」と「遊園地」の間にある。だから設計ではいつも、その位置どりを正確にコントロールすることが求められる。とはいえ、「原っぱ」が等閑《なおざり》にされ、どんどんと失われていっているのが今の世の中だから、少しは「原っぱ」の肩をもとうではないか、というのが、書いたことの趣旨であった。

では、そんな原っぱは、どのようにしたらつくられるか。

その問いに対して、ぼくはとりあえず、決定ルールのオーバードライブによって、と答えた。

たとえば、コンテンポラリー・アートのための空間は、別の機能のために建設された空間からのコンバージョンが多い。火力発電所をリノベーションした《テート・モダン》、工場からのコンバージョンの《ディア・ビーコン》、駅舎からの《ハンブルグ駅現代美術館》。それらはたいていは、きわめて実用的な——しかもその機能のために最大効率化された——空間が転用されたものだ。そこでは、建物のかつての目的はもう見えなくなっている。しかし、その目的達成のために、隙なくとことん追求され、そこから隅々まで決められた力は残っている。

コンテンポラリー・アートという領域は、「つくる」という人間のひとつの本性に直結する。だから、それは原っぱを求め、あるひとつの決定ルールがオーバードライブされつくした空間の転用という手法を発見した。であれば、はじめから根拠を欠いた決定ルールを採用し、オーバードライブさせれば、原っぱができるのではないか。こんな仮説のもと、《青森県立美術館》を設計した。

しかし、と、最近振り返って思うのは、《テート・モダン》に転用される前の火力発電所が、あらかじめそこで行われることが決まっていた、ということだ。つまり、結果的に生まれる「原っぱ」はもともとは「遊園地」の最たるものだったのである。であるならば、「原っぱ」と「遊園地」は、ほんとうに、空間がもちうる特性の両極なのだろうか。別の言い方をするなら、原っぱはそれ単独で、つまり遊園地という基点なくしてつくりだせるものなのだろうか。もしかしたら、原っぱとは、遊園地が機能という殻を破って出てきたものなのではないか。蝉の若虫の背が割れ、折れ曲がった翅がゆっくりと拡がり、まだ緑がかった半透明の、その初々しさを見ながら、そんなことを思うのである。

川崎長太郎の物置小屋のように、遊園地の、その機能あるいは目的からの逸脱が原っぱをつくる。しかし、その原っぱも、いつしか機能あるいは目的に覆われていき、遊園地として固まってくる。そこで、遊園地が新たに獲得したその機能あるいは目的からもう一度、逸脱する。そうした流転のなかの、過渡的な初々しい状態が、原っぱなのかもしれない。

だとすれば必然的に、原っぱは失われる運命にある。しかしだからこそ、原っぱは「原風景」になる。

片隅でありつづけることは、中心なく歩き回ることであり、原っぱを考えるとは、逸脱の初々しさを維持する術を考えることである。

2

オープンスペースの空間人類学

陣内秀信
Hidenobu Jinnai

1947年、福岡県生まれ。建築史家、法政大学特任教授。専門はイタリア都市史・建築史。「空間人類学」を打ち立て、イタリアを中心とした地中海都市の研究・調査、また江戸・東京との比較研究で都市論を牽引してきた。イタリア共和国功労勲章をはじめ、多数の受賞歴がある。著書に『東京の空間人類学』（筑摩書房、サントリー学芸賞）、『ヴェネツィア』（講談社）、『イタリア都市の空間人類学』（弦書房）など。

はじめに

世界のどの文化圏においても、都市をオープンスペースから考え直すことは極めて重要な課題である。そこに時間軸を入れ歴史的に考察すれば、都市と人間の関係について、より深く理解できるに違いない。

私自身、長い都市の歴史をもつ、イタリアを中心とする西欧、アラブ・イスラーム世界、そして中国などで都市のフィールド研究を重ねながら、同時に比較の視点をもって東京を中心に、日本の都市の空間の特質を歴史的に研究してきた。

振り返ると、「オープンスペース」の在り方に、私は常に強い関心を向けてきたように思う。象徴的な都心の公共空間から、近隣コミュニティのコモン空間、私的な住宅の中庭、前庭、庭園まで、それぞれの文化圏に歴史が育んだ興味深いオープンスペースの系譜があり、都市生活の質を高め、人々に都市で暮らす悦びを与え、人と人をつなぎ、都市社会の結束を生むのにおおいに役立ってきた。そのなかに緑や水という自然の要素がどう組み込まれるのか、あるいは意図的に排除されるのか。オープンスペースの在り方に、聖と俗といった意味のファクターがどう関与するのか。これらも興味深いテーマである。オープンスペースを考えるには、単に形の問題ではなく、その使われ方、人々の振る舞い方、人間関係、その場所のもつ意味など、多様な視点から考察する必要がある。

特に、日本の都市におけるオープンスペースは、他の文明圏と比較しても、地形との関係が密で、水、緑など自然要素との結びつきが深く、より複雑で有機的な存在様態を示すから、極めて興味深い研究テーマとなるのである。ここでは一九八五年に刊行した自著『東京の空間人類学』(筑摩書房)で提起した「空間人類学」の発想を取り入れながら、日本の都市における「オープンスペース」の在り方を、その歴史的変遷も含め考えてみたい。槇文彦氏が「アナザーユートピア」の論考のなかでオープンスペースに関して提起された、「多くの都市歴史学者たちの協力を得て、一冊の本、マニュアルにしていくことが必要であろう」との呼びかけに応える第一歩となることを目指したい。

本稿では、話をより具体的にするために、扱う対象を主に東京の都市空間とする。とはいえ、東京は、その前身である巨大な城下町、江戸を下敷きにして発展した都市であり、城下町を起源とする全国の主要都市と、多くの面で共通する性格を示すのである。

皇居に見る巨大オープンスペースの意味

世界のどの文化圏にも、都市ごとにそのオープンスペースに幾つかのレベルがあり、全体構造と結びついた相互間の秩序も見出せる。東京について、江戸にも遡りながら、この点を考えてみよう。城下町の論理に従い、都心の象徴空間として、東京には江戸城＝皇居があり、それを囲んで内濠、外濠という水と緑のオープンスペースがある。全国の城下町でも、外濠・内濠の組み合わせがこれほどよく残った例は少ない。

巨大なエネルギーが渦巻き、常にあわただしく活動する東京の真ん中に、まるで時が静止したかのような、水で囲われ緑に包まれた広大な聖域がある。それが江戸城をそのまま受け継いだ皇居である。ロラン・バルトの有名なフレーズ、「いかにもこの都市は中心をもっている。だが、その中心は空虚であるという逆説を示してくれる」（『表徴の帝国』ちくま学芸文庫、一九九六年）がその不思議さを的確に言い当てている。

水と緑に包まれた広大なオープンスペースを誇る皇居は視覚的には空虚に見えても、実はこれを取り巻いて、日比谷・霞が関の官庁街、丸の内のビジネス街、麹町・半蔵門の大使館・文化ゾーンと、日本の政治・経済・文化を支える中枢機能が見事に配され、まさに機能、意味の両面で、都市東京の強力な中心をなしているのである。

この皇居の前身、江戸城は東京都心に素晴らしい財産としてのオープンスペースを残してくれた。凸凹地形を読み、高台を大規模な土木工事で掘り込みながら円環状に内濠を巡らせ、半蔵門を最高地点に右回り、左回りに、それぞれ幾つかの堰で水位差を設け、濠の水循環システムを生んでいる。その内側には、武蔵野の原生林を思わせる広大な森と道灌濠の水辺があり、多種多様な樹木、草花、魚、鳥、昆虫、動物、魚が生息し、まさに生物多様性をもつ豊かな自然環境を誇る。大都会の真ん中を占めるこの自然に包まれた広大なオープンスペースのもつ価値は、計り知れない。

おそらく、江戸・東京の全体が本来、水循環システムも含み、そうした豊かな生態系を内包した都市としてつくられていたに違いない。そう発想しながら、東京の都市空間を見直してみたい。

都心・下町の生きられたオープンスペース

さて、武蔵野台地東端の高台につくられたこの城=皇居を中心に、その東側に広がる下町低地と北・西・南の側にかけて広がる山の手エリアとで、それぞれ、いかにも日本らしいオープンスペースの在り方が生み出された(Fig.1)。

先ず低地の下町を見よう。江戸時代のどの地図を見ても、最初に目に飛び込むオープンスペースは、何と言っても川、掘割の水路である。舟が行き交い様々な役割をもつ、機能的にも景観的にも重要な空間だった。その水路に囲われた島が寄せ木細工のように連なり、町人地としての商業ゾーンが広がって、経済活動の場であると同時に居住する人々のコミュニティが育まれた。街路や路地が、経済活動のみか住民の日々の暮らしにとっての大切なオープンスペースだった。車のない時代、路上がいかにオープンスペースとして生き生きと使われたかは、日本橋から竜閑川に架かる神田今川橋まで至る、《熙《き》代勝《だいしょう》覧《らん》》に描かれた世界を見ればよくわかる。「道」が日本の都市にとっての「広場」だったと言われる所以である。

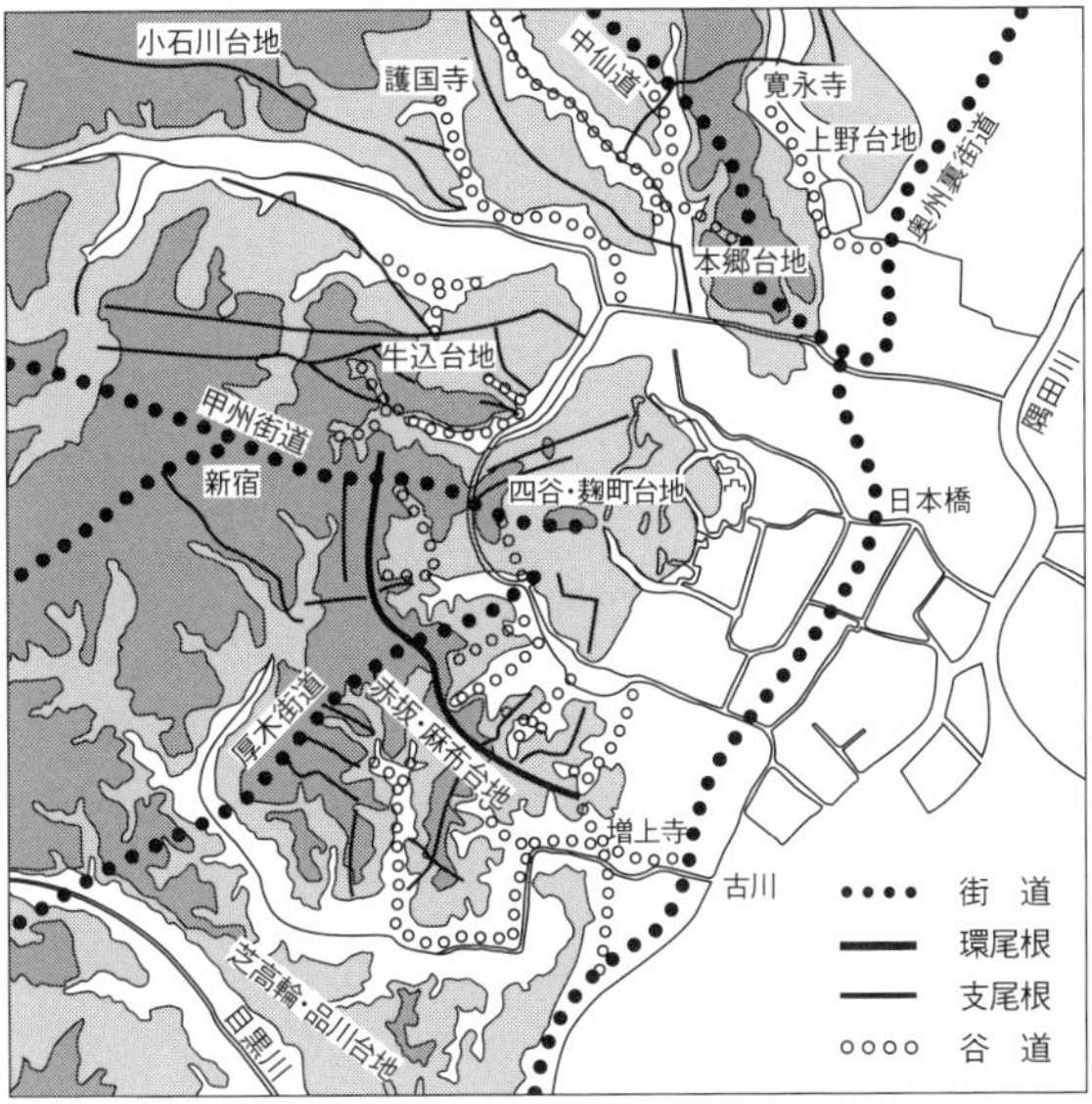

Fig.1　山の手の地形と道のカテゴリー

江戸から関東大震災前の東京にとって、路地の存在は決定的に重要だった。どの街区にも、その内側に路地が幾つも引き込まれ、手狭な長屋の住民にとって、このオープンスペースは相互に助け合う下町生活の舞台であった。長屋という集合的な住居形式と路地というオープンスペースは、住民の暮らしにとって、密接不可分の関係をもっていた（Fig.2）。

関東大震災の復興期に、防災の観点から、こうした木造密集地域は区画整理の対象となり、路地、裏地が排除され、車時代にも相応しい近代市街地に生まれ変わった。しかし、この時代はまだ、人々の間にも計画者にも、まちに一緒に住むスピリットが生きていた。モダンデザインで颯爽と登場した五二箇所の復興小学校にはどれも、それに隣接して自由広場をもつ小公園が建設された。また、中庭を囲う中層のモダンな同潤会アパートが都心、下町の随所に登場し、伝統的な路地にかわる近隣住民のコモンとしてのオープンスペースを数多く生んだのである（拙著『東京の空間人類学』）。

しかし、まちに一緒に住むスピリットも、コモンとしての近隣空間を生む発想も仕組みも、その後、途絶えてしまう。戦中、戦後を通じて、都心居住に欠かせないオープンスペースを創り出す試みもなく、適切な集合住宅のためのビルディングタイプも見出さないまま、日本の都市は高度成長期を迎え、郊外開発へと突き進んでいった。

時代が一巡りし、都心回帰現象が強まる今、ディベロッパーの手で進められる住宅建設は、これまで述べてきた歴史的な都市組織とは無縁の、周囲に広い空地をとるタワーマンションばかりが並ぶ状況を生んでいる。現代のニーズにも応え、既存の都市とも接続できる、オープンスペースと生き生きとつながった新たな住宅建築タイプの出現が望まれるのである。

さて、また過去に戻ろう。イタリアでは今も人々が口にする、「家に住むのみか、街に住む」といった感覚を、江戸東京の下町っ子は誰もがもっていた。前述のような立て込んだ市街地の居住性の欠如を、アーバンレベルの色々なオープンスペースが補完していたに違いない。市の賑わいや縁日、祭礼も人々に開放感や悦びを与えていた。

とりわけ、掘割が巡る下町では、物流の土蔵が並ぶばかりか、水辺のところどころに開放的な屋台風の水茶屋があり、隅田川などの水際には立派な茶屋、料亭が連なって、諸々の規制のある幕藩体制の都市でありながら、民衆にとって、水辺が人々の精神を解放するオープンスペースの役割を果たしていた様子がうかがえる。

その市街地のやや周縁の、とりわけ河川、掘割に面し、都市のエッジになるところに、幕府の手で、重要なオープンスペースがとられた。元々は木造都市・江戸における火災を少しでも減災させる火除け地として設けられたが、交通の結節点でもあることから、賑わいの場となり、「生きられた空間」としての日本的な広場の誕生につながったのである。

エッジとしての隅田川に面した両国広小路がその代表である。この空地には、地元有力者のもと、近世日本独自の自治体制により、仮設の芝居小屋、水茶屋などが設けられ、民衆のエネルギーが溢れる盛

Fig.2　生活感のある月島の路地と長屋

Fig.3　盛り場化した両国広小路
春朗（葛飾北斎）《両国橋夕涼花火見物之図》

り場となった（吉田伸之「両国橋と広小路」『江戸の広場』東京大学出版会、二〇〇五年）。その賑やかな情景は、春朗時代の北斎の浮世絵（Fig.3）や江戸東京博物館の復元模型によく表現されている。

宗教空間と名所

日本には、都市民の暮らしに密接に関わるオープンスペースとして、宗教空間がある。祭礼のときばかりか、日常的にも近隣の人々が集まる公的性格をもった広場のような空間でもある。江戸を下敷きにする東京では、都市空間でありながら、そのなかに自然の要素がたっぷり入り込んでいる。自然と人工が巧みに組み合わされた独自の都市なのである。日本の宗教空間は、境内という形をとって都市のなかに存在し、建物のまわりに広がる空地が意味をもつ。そこには地面、そして樹木＝緑が不可欠である。こうして日本ならではの聖なる雰囲気が生まれる。どんなに小さな稲荷などの祠もこうした自然の要素にこだわる様子を見ると、本来は、緑に包まれた山の中腹や裾に立地するのが理想型であることがよくわかる。つまり、神社はコミュニティの裏手の都市のエッジに鎮座するのである。人々の日常的な暮らしの場の背後に自然を抱いて非日常的な場として存在する。民俗学が注目するケとハレの組み合わせである。そこに槇文彦氏の言う奥性が生まれるのである。寺の立地もそれに近い原理を見せる。

さらに、江戸東京の都市の特徴として、周縁部の山の辺、水の辺にある自然の豊かな場所に、しばしば寺社の宗教空間とも結びつきながら、「名所」が発達し（樋口忠彦『日本の景観』春秋社、一九八一年）、四季折々の催事、イベントも伴って、市民を惹きつけ、都会生活の日常から解放されリフレッシュする場として大きな意味をもった。都市の周縁、近郊に位置し、豊かな自然と結びついて都市民を楽しませる

「名所」は、城壁をもたず、都市と田園が相互に交流する日本の都市らしいオープンスペースだと言えよう。

こう見てくると、西欧と日本とでは、都市のオープンスペースの在り方に大きな違いがあるのがわかる。アジア、中東も含め大陸の地域では敵の軍事的攻撃から守る城壁を築く必要があり、その防御ラインを短くするためにも、都市内はできるだけコンパクトに高密につくることが求められた。自ずと、中央部分に、都市の象徴的な空間がとられ、そこを中心とする求心的都市構造が生まれた。中世自治都市を創り出した中北部のイタリアでは、古代ローマのフォルム（市民広場）が市庁舎広場に受け継がれ、求心的な構造は今も生き、市民が常にそこに集まる（Fig.4）。

Fig.4　トレヴィーゾのシニョーリ広場

こうしたイタリアの広場は、自治の象徴であり、市民の交流の場として、日本の建築、都市計画の人々が憧れを抱くことが戦後、長く続いた。だが、伊藤ていじ氏を中心に刊行された『建築文化』一九七一年八月号の特集「日本の広場」（都市デザイン研究体他編）を皮切りに、日本にも人の集まる公的性格をもった広場的な空間、場所があったという考え方が打ち出され（加藤晃規「場所的広場の成立と展開に関する比較都市論的考察」博士論文、一九八五年）、今ではそれが概ね定着してきている（隈研吾・陣内秀信監修『広場』淡交社、二〇一五年）。本稿で扱うオープンスペースには、日本的な公共性、あるいはコモンとしての性格をもつものも、色々なレベルに見出せるのである。

田園都市としての山の手空間

次に、起伏に富み自然の豊かな山の手に目を向けると、より日本独自の興味深いオープンスペースの在り方を見てとれる。そこではダイナミックな凸凹地形の特徴を読みながら、城下町の論理をベースに土地利用の形式が決まった。武蔵野台地の森や林だったエリアに、江戸時代、緑に包まれた大名屋敷が数多くつくられた。外に対し城壁のように固く閉じた長屋建築、高い塀で囲われた内側に、御殿、家臣の長屋群を配しながら、池のある庭園を含む大きなオープンスペースを囲い込んだ。こうした「屋敷構え」をもつ非都市的と言うべき建築の類型は、日本固有のものである。

高台の尾根を通る街道、道路からアプローチをとり、平坦な部分に建物群を配し、条件のよい南下りの斜面に湧水による池を生み、その周辺に回遊式の庭園を設けた例が数多くある。旗本屋敷、下級武家地も庭園や裏手の菜園をもち、江戸は庭園、緑地がつながる庭園都市であった（川添登『東京の原風景』ＮＨＫブックス、一九七九年）。

そもそも凸凹地形を特徴とする江戸東京の山の手には、緑に包まれた崖線、斜面緑地が各地に存在し、そのなかに神社、大名屋敷の庭園が散りばめられ、歴史と生態系の価値をもつオープンスペースとして、独特の文化風土を生んできた。

江戸の都市空間は、都心低地にも山の手にも多くの大名屋敷をもっていたため、その大きな敷地が、近代首都に必要な新たな建築、施設を受け入れる器となった。官庁、大学、大使館、軍事施設、より新しい時代にはホテル、放送局などがその資産を受け継ぎ、登場した。東京らしい都市の風格は、このような歴史的財産のおかげで得られている。

価値ある隙間とそれを潰す現代の開発

生態系からも景観的にも貴重な斜面緑地は、近代になっても長らく、ある種、神聖な場として開発の対象から外れていたように思える。だが、高度成長期以後、建設技術の進展と徹底した経済性追求の風潮のなかで、緑豊かな斜面に開発の手が加わって高層マンションが建ち、風景が激変してきた。地下水脈が絶たれ、崖線の湧水が枯れる現象も起きている。

そもそも日本の都市では、不動産として建物の価値はカウントされず、もっぱら土地ばかりが重視されてきた。その違いは、ローマのノッリの地図（Fig.5）と江戸の切絵図（Fig.6）を比較すると歴然としている。ローマでは隙間なく連なる建物が黒く塗り潰され、街路・広場、私的な空地は白抜きに表現され、都市空間のポジとネガが鮮明に識別できる。一方の江戸は、道のネットワーク、水路以外は、敷地境界線ばかりで、建物の姿はない。その代わり、居住者である大名、旗本などの名前、紋章が示されている。こうした私的な敷地のなかに庭園を含む緑のオープンスペースがとられていた様子は、

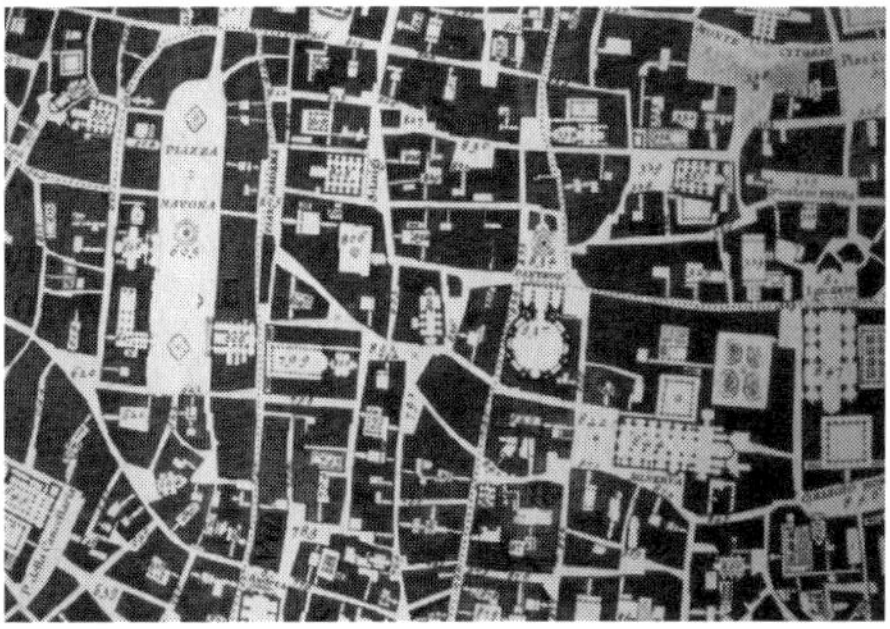

Fig.5　ローマ　ノッリの地図（18世紀）

Fig.6　江戸・麻布の地図　尾張屋版切絵図（19世紀中頃）

明治一七年の参謀本部測量局の地図（五千分の一）に見てとれる。

　こうした山の手の都市空間の質を理解するのに、イタリアの都市を読む方法として生まれた建築類型学だけに頼ったのでは全く歯が立たない。むしろ地形と道のネットワーク、敷地とそこでの建物配置、植生、聖域などの要素が極めて重要となる。そこに独自の場所性が生まれている。それを分析考察する方法として「空間人類学」という方法を私は提唱してきた。そこではオープンスペースの在り方が鍵となる。明治以後の近代化の過程でも、戦後しばらくまでは、そうした東京の基層を受け継ぎ、活かしながら独自の都市の文脈を形成してきたと言えよう。

　だが、資本による不動産開発がより大規模に展開する高度成長期、さらにはバブル期、そして二〇〇〇年代以後となると、個々の敷地の空地を活用して大規模な建物がつくられ、藪や沼、池、斜面緑地、水面など、都市の重要だった隙間がどんどん潰されていったとも言える。

　パリ、ローマをはじめ、建築がぎっしり並び構造化された西欧の都市では、近代化のためには、強権を発動し、古い市街地に広い直線道路や鉄道を強引に貫通させざるを得なかったが、自然を取り込み空間的ゆとりのあった東京では、市街地を壊さず近代のインフラをできるだけ隙間に通す傾向にあった。甲武鉄道は外濠の土手の水際を埋めて通された。その発想は、オリンピックの直前の高速道路建設にも見られ、都市景観上も重要だった河川、掘割の水面を犠牲にして、その隙間に挿入することで、短期間に実現できたのである。

　近代の、とりわけ高度成長期以後の都市発展とは、こうして江戸の財産を受け継いだ東京の価値ある隙間としてのオープンスペースを、経済論理で食い潰す過程そのものだったのであり、今まさに、その反省に立つべき時期にきている。

原風景から発想する

ここで奥野健男氏の「原風景」論を思い起こしたい（奥野健男『文学における原風景』集英社、一九七二年）。彼の原風景は恵比寿の高台にさしかかる武蔵野の片鱗を残す一角にあった。多くの日本人にとって、「原っぱ」が原風景だったという。東京では、特に山の手そして郊外の住宅地のなかに、色々な経緯で空地が生まれ、そこに草木が繁茂し、格好の遊び場として使われた。子供のたくましさ、想像力を育むのにそれがどれだけ貢献してきたことか。

子供の遊びの場を考えてみたい。杉並区の成宗で育った私にとって、近郊住宅地のなかにも下町のような場所があった。路地での缶蹴りや三角ベースなどの様々な遊び、原っぱ的な藪でのターザンごっこ、神社境内でのゴムボール野球、一方、低地に広がる水田や川でのザリガニ取りなど、すべて屋外のオープンスペースがその舞台だった。路地や敷地境の垣根、塀も筒抜けで、隙間のネットワークは子供にとって遊びの天国だった。

三軒茶屋の木造住宅が並ぶ庶民的な界隈の家に若い建築・造園研究者たちが住み込み、近隣に住む三世代の遊びの変遷を調べた面白い研究成果がある。各世代の子供時代の地図を前に、それぞれどこでどんな遊びをしたかを聞き取り、プロット図を作成し、その変化を分析したものである（子どもの遊びと街研究会『三世代遊び場図鑑』風土社、一九九九年）。都市化が進み個人主義が強まると、敷地境界をブロック塀で囲い、また、寺社の境内、墓地も管理が厳しくなって入り難くなった。こうして子供の遊びの空間が奪われた分、代償物として児童公園が整備されたというのである。

東京の各地に本来、見られたオープンスペースのこうしたトポロジカルな存在形式を、現代都市のなかにどう再生できるかを考える必要があるだろう。

むすび

東京で昼間、ちょっと空き時間ができても、ゆったり快適に過ごせるオープンスペースがない。西欧の都市なら、広場の噴水の脇で、あるいは戸外のオープンカフェで僅かなコーヒー代で何時間も気分よく長居できる。街のドラマをぼっと眺めてもいいし、誰にも干渉されず孤独を楽しむこともできる。それに対し東京では、車のない居心地のよい公共空間に乏しく、窮屈なカフェにお金を払って入らざるを得ない。都市空間のすべてが商業主義に貫かれ、私的な空間にからめとられている感じが強い。都市におおらかさ、開放感が失われた。本来は、水辺がそれを保証していたが、近代化で最初に犠牲になった。

近年、大型再開発で登場する高層ビルの中層階や屋上に空中庭園・広場がとられ話題になる傾向がある。本来、地上にあるべきこうした公的なオープンスペースが、経済論理でやむなく空中に持ち上げられる。高層ビルが並ぶと、地上の公共空間の居心地はますます悪くなる。悪循環が生むこうした代償物としての空中庭園・広場は、ある種、文化的アリバイとも言え、それが長い目で見て、都市に暮らす人々に悦びを与えるとはとても思えない。歴史に学び日本の文化風土に合った、おおらかで魅力的な現代のオープンスペースが登場するのを切に望みたい。

3

オープンスペースとコミュニティ

広井良典
Yoshinori Hiroi

1961年、岡山市生まれ。京都大学こころの未来研究センター教授、鎮守の森コミュニティ研究所所長。専門は公共政策、科学哲学。厚生省勤務を経て、1996年より学究の道へ。定常型社会を前提にした、コミュニティや都市のあり方を提言している。著書に『日本の社会保障』（岩波新書、エコノミスト賞受賞）、『コミュニティを問いなおす』（ちくま新書、大佛次郎論壇賞受賞）、『ポスト資本主義』（岩波新書）など。

オープンスペースと人口減少社会

槇文彦氏の論考「アナザーユートピア」は、「オープンスペース」という視点を軸にこれからの時代の都市や地域、社会のありようを論じた魅力的な文章である。論点や話題は多岐にわたるが、私にとっては特に人口減少社会や高齢化との関わりでオープンスペースの意味に言及した個所が印象的だった。

あらためて言うまでもなく、日本は二〇一一年から本格的な人口減少社会に入り、明治の初め以降一貫して増加を続けていた総人口は二〇五〇年には一億人を切ることが予測されている。高齢化率（人口全体に占める六五歳以上人口の割合）は二〇一七年において二七・七％ですでに世界一位であり、この割合は今後も着実に上昇を続け二〇六五年には四割近く（三八・四％）に達すると予測されている（国立社会保障・人口問題研究所『日本の将来推計人口』）。

端的に言えば、年齢構造も〝若く〟、すべてが「拡大・成長」というベクトルのもとで展開してきた明治以降の百数十年の時代とは〝真逆〟のベクトルの時代を、私たちは生き始めようとしている。

国際的に見れば、日本は世界の中で〝人口減少・高齢化のフロントランナー〟というポジションにある国ということになる。そして少し考えてみれば明らかなように、実は人口減少社会とは単純に言えば「オープンスペース」が大きく浮上する社会、あるいは「オープンスペース」というテーマに私たちが正面から向かい合うことが要請される社会と言えるのだ。

この場合、それは必ずしもマイナスの意味をもつばかりではないという認識が重要だろう。そのように言う時、私が想起する一つはいわゆる〝田園都市《ガーデンシティ》〟論である。

最初に知った時とても驚いたのだが、意外なことに、田園都市のビジョンを唱えたイギリスのハワードやレイモンド・アンウィンといった人々は、実は当時（一九世紀の終わり頃ないし明治の初め頃）の日本の都市・地域のありようを一つのモデルとして思い描いていた。

アンウィンは日本について「春になると都市の脇にある桜の木々の下に人々がくり出して賑やかに過ごす」と記し、それが他ならぬ〝田園都市〟のイメージと重ねられたのである。アンウィンのこの後の文章は「もしも私たちに同様のことができるとするならば……」という趣旨で展開されていく（Unwin 1909）。

これはノスタルジーではない。人口減少社会に移行した日本において、これからの五〇年ないしそれ以上の時代は、高度成長期に起こったこととちょうど〝逆〟の現象が生じていく。都市近辺で言えば、一九六〇～一九七〇年代前後に郊外の田んぼがどんどん住宅地などに変わっていったのが今後は空き地・空き家や緑地・農地等に戻っていくといったように。

そうした中で、かつて日本とともにイメージされた田園都市もまた、私たちの対応次第で、〝なつかしい未来〟として再び実現されていく可能性をもっている。それはまさに「オープンスペース」への向かい方という課題である。

「社会的孤立」という視点

さて、「オープンスペース」というテーマを考えていく時、私にとってもっとも重要と思われる話題は、人々の孤立や孤独、あるいは人と人との関係性、そしてコミュニティという視点である。

こうした点に関して、ミシガン大学を中心に行われている「世界価値観調査（world values survey）」という調査のうちの、「社会的孤立度」に関する国際比較というものがある（Fig.1）。ここで言う「社会的孤立（social isolation）」とは、基本的に〝家族以外〟の他者とどれくらい交流や付き合いがあるかに関するもので、結果を見ると、先進諸国の中で現在の日本はもっとも「社会的孤立度」が高い国になっているのである。

これは、私自身の個人的な経験や観察を踏まえると、（残念ながら）むしろきわめて納得のいく、あるいは実感に合致する結果になっている。以前の拙著でも論じたことだが（広井 二〇〇九）、現在の日本において、特に東京のような大都市で、あるいは地方都市も含め、次のようなことはごく自明の事実だろう。

①見知らぬ者どうしが、ちょっとしたことで声をかけ合ったり、あいさつをしたり会話を交わしたりすることがほとんど見られないこと

②見知らぬ者どうしが道をゆずり合うといったことが稀であり、また、駅などでぶつかったりしても互いに何も言わないことが普通であること

③「ありがとう」という言葉を他人どうしで使うことが少なく、せいぜい「すみません」といった、謝罪とも感謝ともつかないような言葉がごく限られた範囲で使われること

④以上のような中で、都市におけるコミュニケーションとしてわずかにあるのが「お金」を介した（店員と客との）やりとりであるが、そこでは店員の側からの声かけが一方通行的に行われ、客の側からの働きかけや応答はごく限られたものであること

いささか日本の現状についてネガティブな指摘を連ねることとなったが、以上のような点は、日本で

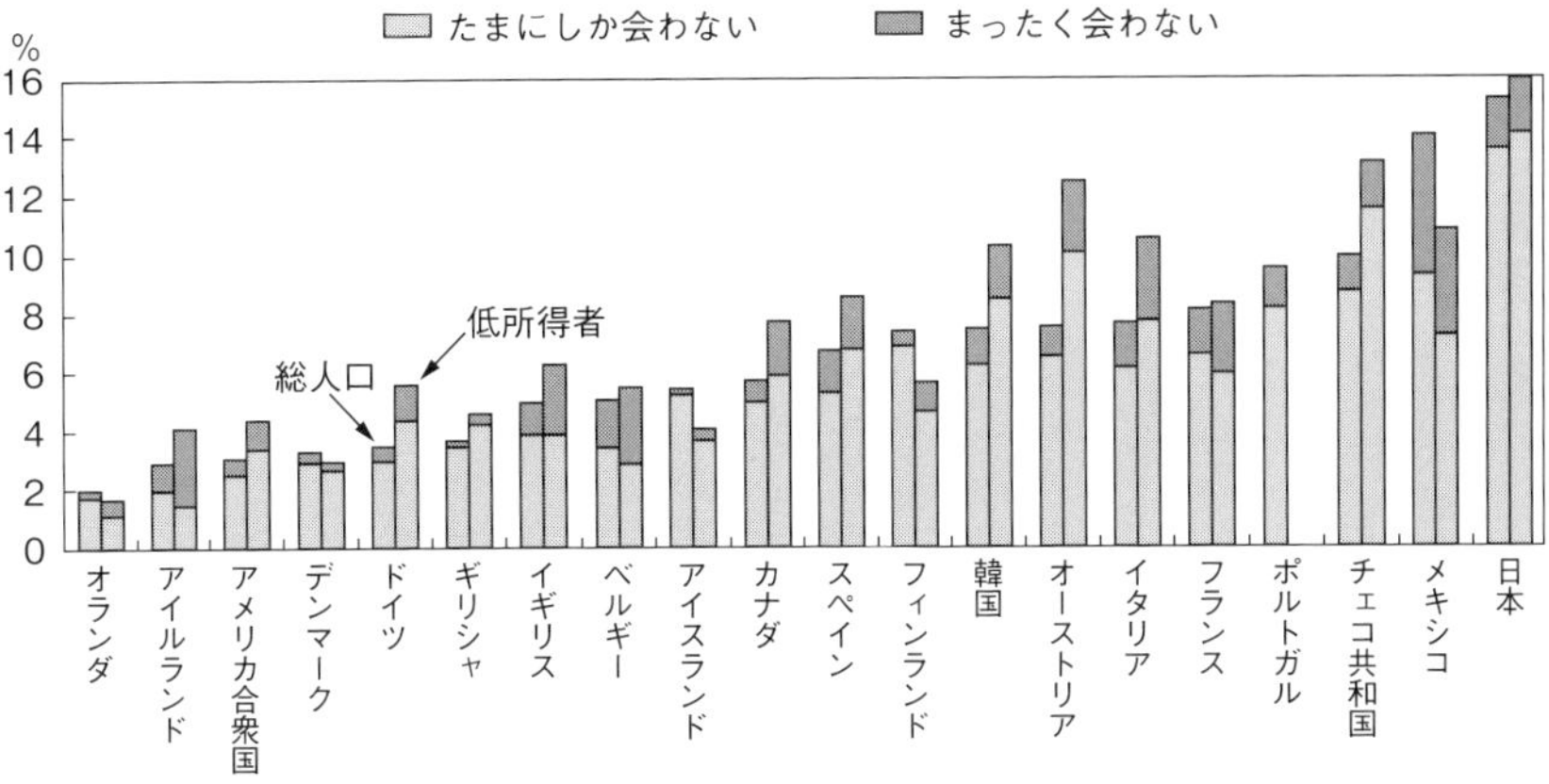

注：この主観的な孤立の測定は、社交のために友人、同僚または家族以外の者と、まったくあるいはごくたまにしか会わないと示した回答者の割合をいう。図における国の並びは社会的孤立の割合の昇順である。低所得者とは、回答者により報告された、所得分布下位３番目に位置するものである。
出典：World Values Survey, 2001.

Fig.1　OECD加盟国における社会的孤立の状況（2001年）

暮らしていると〝当たり前〟のような事実になってしまうけれども、海外——いわゆる欧米に限らず中国やアジア等も含む——の都市と比較すると明らかなこととして感じられる。このように現在の日本の都市において、〝無言社会〟とも呼べるような状況、言い換えれば家族や集団を超えたコミュニケーションがきわめて希薄な状況があることは確かであり、それが先ほどの国際比較調査における「社会的孤立度」の高さということと重なっているのである。

ではなぜ日本社会において、そうした社会的孤立ということが顕著になるのか。その背景、理由は何か。

そしてそれは「オープンスペース」や、都市の空間構造とどのような関わりをもつのか。さらに言えば、そうした社会的孤立を和らげるような、都市のありようというのはどのようなものなのか。

まず空間構造の話を除いて考えれば、私自身はまず「農村型コミュニティ」と「都市型コミュニティ」という視点が重要と考えている（広井 二〇〇九）。

前者（農村型コミュニティ）はいわば〝集団の中に個人

が埋めこまれていくような関係性〟であり、後者（都市型コミュニティ）は〝独立した個人がゆるくつながるような関係性〟と呼べるものである。そして前者の場合、集団の「ウチ」と「ソト」の境界が強くなり、集団の内部では過剰なほどに気を遣い合う一方で、「ソト」や〝他人〟に対しては無関心であったり潜在的な敵対性が支配的となったりする。

そして、二〇〇〇年に及ぶ稲作社会の経験の中で日本人の関係性や行動様式は概して前者の農村型コミュニティに傾きがちであるわけだが、思えば戦後の日本社会は農村から都市への人口大移動の中で、いわば都市の中に「カイシャ」と「核家族」という農村型コミュニティ（ムラ社会）をつくっていった。それはある時期までは大きな経済成長とも一体となって一定の好循環を生んできたが、近年ではそれが経済の成熟化や雇用の流動化、家族構造の多様化の中で半ば機能不全に陥っており、そのことが先ほどの国際的に見た「社会的孤立」度の高さとなって表れているのである。したがって、個人と個人がある程度独立しながらゆるくつながるような「都市型コミュニティ」の確立が日本社会にとってのもっとも本質的な課題となってくる。

「居場所」と日本社会

ではこうした点と「オープンスペース」あるいは都市の空間構造との関係はどうか。

これに関し、二〇一四年の一〇月、「高齢化に対応した都市」のあり方をテーマにしたＯＥＣＤ（経済協力開発機構）主催の国際会議（Resilient Cities in Ageing Societies）が富山市で開かれ、パネリストの一人として参加する機会があった。会議では高齢社会や高齢者ケアと今後の都市・地域のあり方について幅広い議論が行われたが、そこで特に注目を集めたのは、フィンランドからの参加者が指摘した、高齢化時代の都市づくりにおいては高齢者などの「孤独」や「孤立」といった主観的側面を重視した対応が重要になるという問題提起だった。

ちなみに、高齢化と一体になった人口減少社会とは、「ひとり暮らし」世帯が大幅に増える時代である。最近の国勢調査を見ると六五歳以上のひとり暮らし男性は四六万人（一九九五年）から一八〇万人（二〇一五年）に、女性では同時期に一七四万人から三八三万人に急増しており（それぞれ三・九倍、二・二倍の増加）、今後増加はさらに顕著になっていくのである。

こうしたテーマを考えるにあたり、一つのポイントになるのは「居場所」という視点ではないかと思われる。ここで「居場所」とは、狭義の空間的な意味のみならず、〝そこで安心できる場所、自分の存在が確認できる場所〟といった精神的な面を含んでいる。

こうした「居場所」という話題に関し、数年前に日本経済新聞社の産業地域研究所が行った調査結果は興味深いものだった。首都圏に住む六〇～七四歳の男女一二三六人へのアンケート調査だが、「あなたは自宅以外で定期的に行く居場所がありますか」という質問への回答として、一位は男女ともに「図書館」となっており、これはやや意外に思える面と、なるほどという面の両方があるかもしれない。そして、そのあとの順位は男女でかなり異なっており、女性の場合は「スポーツクラブ」、「親戚の家」「友人の家」と続くが、男性の場合に二位なのは「見つからない／特にない」という回答で、続く三位は「公園」となっていたのである（日本経済新聞社・産業地域研究所 二〇一四）。公園で一人ポツンとたたずんでいる男性の姿が思い浮かんでくるような調査結果である。

〝団塊世代（の男性）の地域デビュー（の難しさ）〟といったことはかなり以前からも言われているわけだ

が、いずれにしても、特に男性を中心に、しかし女性も含めて、全体として現在の日本の都市や地域においては安心できる「居場所」が概して少ないという傾向が示されていたのである。

多少誇張した言い方になるが、〝病院の待合室が高齢者で混み合うのは、現在の日本の都市では、それ以外に他に行く場所がないからだ〟というのは、ある意味で真実だろう。それは後でも述べるように都市の空間構造の問題が大きく、日本の都市や地域が「コミュニティ空間」としての性格を十分にもっていないことが背景にある。

先ほど戦後の日本社会において、農村から都市に移ってきた人々は「カイシャ」と「核家族」というムラ社会的なコミュニティをつくったという点を指摘したが、思えば高度成長期以降の日本では、特に男性にとっての最大の居場所は他でもなく「カイシャ」であった。しかし現在では、退職高齢者が増加し、またカイシャも流動化する中で「居場所」ということが日本社会全体の課題となっている。

実は子どもの居場所、若者の居場所等々もそれぞれ同様に課題となっており、いわば社会全体として新たな居場所を模索しているのが現在の日本と言えるのであり、そうした視点を意識したまちづくりや都市・地域政策が重要になっている。

「オープンスペース」にそくして言えば、それがいかにして様々な個人あるいは世代にとっての「居場所」になりうるかという視点が本質的な意味をもつのではないか。

「コミュニティ感覚」と都市

槇文彦氏は「アナザーユートピア」の中で「オープンスペース」はコミュニティの核となることを目

指さなければならないと述べている。先ほど居場所という視点について述べたが、これをさらに「コミュニティ」という話題に展開してみたい。

私はほぼ毎年ドイツを中心にヨーロッパの都市や農村を訪れているが、ヨーロッパの都市においては一九八〇年代前後から、都市の中心部において大胆に自動車交通を抑制し、歩行者が〝歩いて楽しめる〟空間をつくっていくという方向が顕著になり、現在では広く浸透している。

写真（Fig.2）はドイツのニュルンベルク郊外にあるエアランゲンという地方都市の中心部の様子である。印象的なこととして、ドイツのほとんどの都市がそうであるように、中心部から自動車を完全に排除して歩行者だけの空間にし、上記のように人々が「歩いて楽しめ」、しかもゆるやかなコミュニティ的つながりが感じられるような街になっている。まさに一つの「オープンスペース」であり、自動車や道路中心でなく、〝歩行者が歩いて楽しめる空間〟という点が非常に重要であることを実感する。

Fig.2　エアランゲンの市街地

加えて、人口一〇万人という中規模の都市でありながら、中心部が活気あるにぎわいを見せているというのが印象深い。これはここエアランゲンに限らずドイツの都市に一般的に言えることで、残念ながら日本の同様の規模の地方都市が、いわゆるシャッター通りを含めて閑散とし空洞化しているのとは大きく異なっている。

ちなみに、こうした点は概してアメリカの都市とヨーロッパの都市で大きく異なっている。私はアメリカに八〇年代の終わり二年間と二〇〇一年の計三年ほど暮らしたが（東海岸のボストン）、アメリカの都市の場合、街が完全に自動車中心にできており、歩いて楽しめる空間や商店街的なものが非常に少ない。しかも貧富の差の大きさを背景に治安が悪いこともあって、中心部には（窓ガラスが割れたまま放置されているなど）荒廃したエリアやごみが散乱しているようなエリアが多く見られ、またヨーロッパに比べて街の〝くつろいだ楽しさ〟や〝ゆったりした落ち着き〟が欠如していると感じられることが多い（おそらくこうした傾向は、アメリカにおいて特に七〇年代頃から顕著になっていったと思われる）。

一方、日本の場合、第二次世界大戦後は道路整備や流通業を含め、〝官民挙げて〟アメリカをモデルに都市や地域をつくってきた面が大きいこともあり、その結果、皮肉にもアメリカ同様に街が完全に自動車中心となり、また中心部が空洞化している場合が多いのが現状だ。

さて、ここで〝「コミュニティ感覚」と空間構造〟という視点を挙げてみたい。「コミュニティ感覚」とは、その都市や地域における、人々の（ゆるやかな）「つながり」の意識を言う。そして、「オープンスペース」とも関わるが、そうした人々の「コミュニティ感覚」（ソフト面）と、都市や地域の空間構造（ハード面）は、相互に深い影響を及ぼし合っているのではないだろうか。

たとえば道路で分断され、完全に自動車中心になっているような都市では、人々の「つながり」の感覚は大きく阻害される。また（日本の大都市圏がそうであるように）職場と住宅があまりにも離れている場合にも、そうしたコミュニティ感覚は生まれにくくなるだろう。商店街——それは狭義の経済活動を超えた「コミュニティ空間」として重要な意味をもつ——の空洞化といった現象も、コミュニティ感覚の希薄化につながるだろう。

これまでの日本の都市政策では、そうした「コミュニティ空間」「コミュニティ感覚」といった視点はあまり考慮されることがなかったのではないか。「オープンスペース」というテーマは、こうした視点と連動させながら考えていくことが重要と思えるのである。

老いや死を包摂する都市——無とオープンスペース

最後に、これからの都市をデザインするにあたっては、「老いや死を包摂する都市・地域」という視点が課題になると私は考えている。

そうした発想を具体的に表現した例として、養老孟司氏と宮崎駿氏の対談本『虫眼とアニ眼』(新潮文庫、二〇〇八年)の初めにある、宮崎氏の絵が印象的である。同書の冒頭の約二〇ページは、これからの日本の都市・地域のあり方の理想として宮崎氏が思い抱く街の絵となっており、それは「保育園とホスピスと社《やしろ》を町のいちばんいい所に」という趣旨のものである(ここでの「ホスピス」は広い意味で、看取りや介護の場といった趣旨)。

たとえば盆踊りの時に先祖が戻ってくると考えられたように、本来の地域やコミュニティというものは、老いや死(ないし死者)、あるいは長い時間の流れの中での「世代間継承性」というものを包含するものではないか。宮崎氏がここで「保育園とホスピスと社」としているのも、そうした発想と重なるものである。

槇文彦氏は「アナザーユートピア」の中で、社寺の境内が「オープンスペース」としての機能をもったことを指摘している。最初に知った時に驚いたのだが、日本における神社とお寺の数はそれぞれ八万数千に及び、あれほど多いと思われるコンビニの数(六万弱)よりも多く、まさにコミュニティの核ないし拠点としての役割を担っていた。余談ながら、私はしばらく前からそうした鎮守の森と自然エネルギーの分散的整備や医療・福祉を結びつけた「鎮守の森コミュニティ・プロジェクト」というプロジェクトをささやかながら進めている（御関心のある方は「鎮守の森コミュニティ研究所」のホームページをご覧いただければ幸いである）。

そしてこうしたテーマへの関心は、実は学生や若い世代と接していても感じられる点である。たとえば、ある大教室の講義でターミナルケアと死生観の話題を取り上げた際の小レポートで、地方出身のある二年生の学生（女子）は、それを「地元」ということと関連づけて次のように記していた。

> ターミナルケアと死生観について、私は「若者」のうちに「どう死ぬか」ということを考えておく必要がある、また「地元」と呼べる場所を生産年齢のうちに失わない、あるいは作っておくことが重要だと考える。……（中略）
>
> これは、自分の還るべき場所というものを見失ってしまえば、満足な形で死を迎えることができない、孤独死などの問題につながっていくと考えるからである。……もし、生産年齢の間、それまで住み慣れた地域を離れ、全く地縁のないところで人生の大部分を過ごしたとしても、「地元」と呼べる場所を失わない限り、そこが各人にとっての還っていく場所であり、心が休まる場所であり、還っていくコミュニティとなりうるのではないだろうか。
>
> 心理的な面で、やはり帰っていくべき場所があるというのは、大きな安心感を伴う。人によって変わる可能性があるが、日本人が望む「安らかな死」というものには、このような還るべき場所（自分が居てもいいと周りに認められている場所）にいるのだという安心感が必要となってくるのではな

いかと考える。（強調引用者）

死生観をめぐるテーマが、「地元」や「場所」と結びつけて語られているのが印象的である。つまりここで論じている都市の「空間」に関する話題は、コミュニティや場所あるいは居場所、地元といった視点を通して、人間の意識やこころ、ひいては死生観とも結びついていくことになるのだ。

思えば「オープンスペース」とは〝空《くう》〟の空間ということであり、それは究極的には、無そして死と通じているはずではないか。

正直に言うと、近代建築は〝明るすぎる〟ということを、私はずっと感じてきた。

言い換えれば、建築に限らず近代の思考が一般的にそうであるように、そこには死や異世界、闇夜といった、人間にとっての「見えない次元」が排除されてしまっている。ユネスコの無形文化遺産の一つにも登録された秩父神社の夜祭が〝夜〟に行われることに必然性をもつのは、神々が立ち現れるのが夜であるからに他ならない（しかも人々が集まり祭りが行われる際の地域一帯は「オープンスペース」そのものである）。

現代の物理学では、「無のエネルギー」や「真空のエネルギー」ということが正面から論じられるようになっている。それは宇宙や存在が無から立ち現れる時の、あるいは有と無そのものが分かれ出る間際の、ダイナミックな生成に関わることがらでもある。

私は〝無の科学〟と呼ぶべきものが今後の科学の様々な領域で大きな課題になると考えているが（広井二〇一八）、「オープンスペース」というテーマは本来、そのような視点をも包含するはずのものではないか。

いずれにしても、これまでよりひと回り大きな視野の中で都市やコミュニティのあり方、人間と社会やこころのありよう、そしてそこでの「オープンスペース」を考えていくことが重要と思われる。それが近代的な思考の枠組みを超える、〝もうひとつの〟ユートピア＝「アナザーユートピア」と重なっていくだろう。

参考文献
日本経済新聞社・産業地域研究所『超高齢社会の実像』（調査報告書）、二〇一四年
広井良典『コミュニティを問いなおす』ちくま新書、二〇〇九年
同『持続可能な医療——超高齢化時代の科学・公共性・死生観』ちくま新書、二〇一八年
Unwin, Raymond,Town Planning in Practice: An Introduction to the Art of Designing Cities and Suburbs, 1909.

4

都市計画と広場
——そのストックの系譜と再生

中島直人
Naoto Nakajima

1976年、東京都生まれ。東京大学大学院工学系研究科准教授。専門は都市計画論、都市計画史、都市デザイン。アーバンデザイン研究を牽引すると同時に、都市再生、街づくりプロジェクトにもかかわっている。著書に、『都市計画の思想と場所』、『都市美運動』（ともに東京大学出版会）、『都市計画家石川栄耀』（共著、鹿島出版会）など。企画展覧会に「アーバニズム・プレイス展2018」（新宿三井ビルディング）など。

問題設定を問う

槇文彦は「アナザーユートピア」の第二節で、皇居空間を事例として取り上げて、次のように書く。

> 既存施設の存在しない新しいコミュニティをつくろうとするときに、施設からではなくオープンスペースにクリティカルな重要性をまず与える、あるいは施設配置と並行して計画を考える際にも、施設と同等の重要性をオープンスペースに与える姿勢があってもよいのではないかという問いなのである。（本書iv頁）

この問いが「アナザーユートピア」全体を貫く問いであるかどうか、もう少し慎重な読み込みが必要だが、私はこのテキストを吟味するところから議論を始めたい。

第一に、「施設と同等の重要性をオープンスペースに与える姿勢」という表現について考えたい。言うまでもなく、都市の近代化を牽引したのは「施設」である。建築計画学者の長澤泰らは「施設＝サービスと建物のパッケージ」と定義した。[★1]しかし、「施設」は建物に限定されない。例えば、都市計画法が規定する「都市施設」には、公園や緑地、運河などのオープンスペースも含まれる。従って、「施設」とは「サービスと空間のパッケージ」と言い換えた方がいいだろう。こうした施設、とりわけ公共セクターが提供する公共施設は、明確な機能（サービス）と形（空間）を有し、その結びつき方が標準化されている（パッケージ）のが特徴である。「パッケージ」という意味は、その空間がそれ自体で完結しているという意味でもある。槇の「施設からではなく」という表現は、つまり主題は施設化していない「オープンスペース」だということであろう。機能が明確に定義され、空間の領域もはっきりした「施設」に対して、機能も空間、その対応関係が確定していない、いわば人々に開かれた都市空間としてのオープンスペースの可能性を探るという趣旨には、共感するものがある。

一方で、槇の問題設定の「既存施設の存在しない新しいコミュニティをつくろうとするときに」という前提には違和感を抱く。槇は、今現在という時点において、ユートピアをまた「ゼロ地点」から考えようとしているのであろうか。オープンスペース＝公共空間が都市再生のカギとなっているのは間違いないが、人口減少社会という日本の文脈を強調しなくても、都市化の世紀を経験した後の現在において、それは「既存施設の存在しない新しいコミュニティをつくろう」という認識とは真逆の、既存ストックを前提として、その空間や使い方をリノベーションしていくことで、これからの都市のあるべき姿（それをユートピアと呼ぶこともできる）を探求していこうという場面においてである。オープンスペースの持つポテンシャルを議論すべきは、「既存施設の存在しない新しいコミュニティ」ではなく、既存だらけの眼前の都市を前提として、ではないだろうか。だとすると、まずは、これまでにどのようなオープンスペースが生み出されてきて、私たちのまわりにストックとして存在しているのか、を問うことが大事であろう。

本稿では、槇の論考に対するこの共感と違和感を出発点として、日本の都市計画によって、非施設としての開かれたオープンスペース（ここではそれを「広場」と読み替える）がどのようにして生み出されてきたのか、その系譜をたどり、ストックを明らかにすることで、今後のオープンスペースを核とした都市再生のスケッチをしてみようと思う。しかし、限られた紙幅で系譜の全体像を描き切ることは無理である。

ここでは、《歌舞伎町シネシティ広場》、《新宿駅西口広場》、《新宿三井ビルディング55HIROBA》という、都市計画によって新宿に生み出された三つの広場に都市計画広場の系譜を仮託する。つまり新宿という限定された地理空間に焦点を当てて、都市計画と広場の系譜を眺めてみることにしたい。[★2]

盛り場広場——《歌舞伎町シネシティ広場》

新宿歌舞伎町が、戦災復興土地区画整理事業によってできたまちであることはよく知られている(Fig.1)。その歌舞伎町の奥まった一角にある、二七m×五七mの長方形の平坦な空地が《歌舞伎町シネシティ広場》(以下、シネシティ広場)である。少し前まで「コマ劇前広場」と呼ばれ、コマ劇場の閉鎖、シネシティへの建て替えに伴い広場名称自体が変更になったことが表しているように、周囲の施設、土地利用と密接に関係している広場である。歌舞伎町の命名者であり、区画整理の設計に深く関与した戦災復興当時の東京都都市計画課長(後に建設局長)の石川栄耀は、「広場を中心として芸能施設を集め そして新東京の最建全な家庭センターとする」[★3]という考えのもとで、その中心となるこの広場をデザインした。しかし、なぜ、戦災復興において広場が求められたのか。

石川栄耀は、戦前から広場論者、そして盛り場研究家として知られていた。若い時分の一年間におよぶ欧米都市視察の経験は、石川の都市観に大きな影響を与えた。中心部の美しい広場に市民が集まって歓談を楽しむ様子に触れ、都市は「集まってその集まりをたのしむ」「市民相互を味わう」「人なつかしさの衝動」のためにつくられるのだと感化されたのである。しかし、日本の都市にはそうした広場は存在しない。石川は、日本の伝統的な盛り場や商店街で、人々が単に買物を楽しむだけでなく、遊楽の気分で漫歩を楽しんでいる姿に、欧米で触れた広場の代わりを見出した。石川は商店街を盛り場へと育てていく活動（商業都市美運動）に精力を注いだ。

戦災復興土地区画整理事業には、そうした盛り場志向が反映されている。石川が関与した東京では、歌舞伎町やパティオ十番を有する麻布十番をはじめ、いくつかの地区で街路形状を膨らませるかたちで、欧米の市民広場を模した広場状空地を生み出し、その周囲に映画館などの娯楽施設の誘致を構想した。

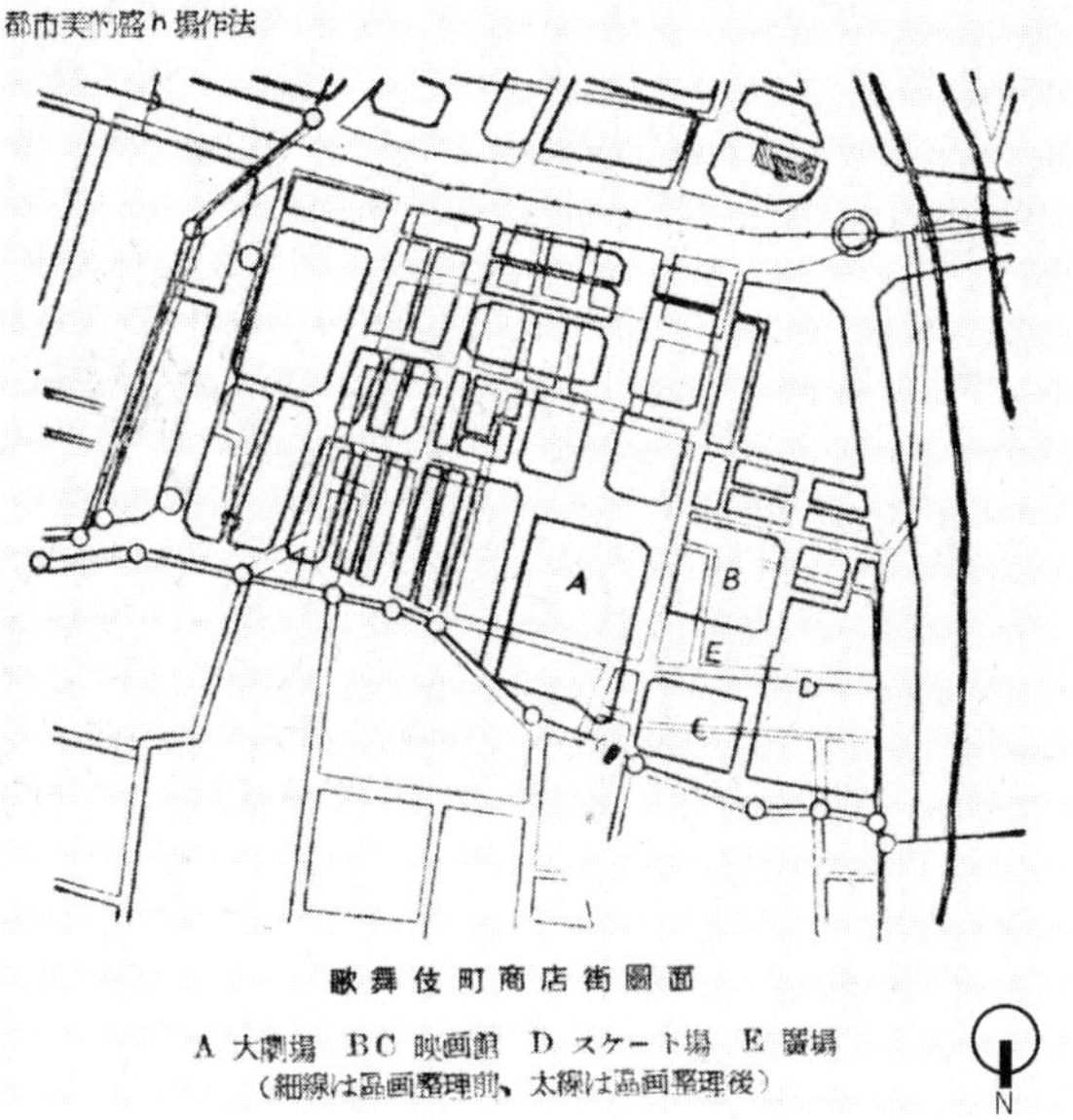

Fig.1　盛り場広場を中心とした歌舞伎町の土地区画整理設計図

石川が直接関与していない地方都市の戦災復興事業でも、同様の広場状空地が見られる。

こうした広場の形状は、石川が私淑したイギリスの都市計画家、田園都市レッチワースや田園郊外ハムステッドの設計者として知られるレイモンド・アンウィンの『実践としての都市計画』（一九〇九年）、さらにアンウィンが参照したオーストリアの都市計画家カミロ・ジッテの『芸術原理に基づく都市計画』（一八八九年、邦題は『広場の造形』）などが直接の参照元であった。つまり欧州の都市や集落における伝統的、歴史的都市空間に基礎を置いた都市美の設計手法が適用されたものであったが、あくまで道路設計の工夫による広場状空地の創出にとどまり、実際にその空地が広場として整備、受容されるまでに時間が必要なものもあった。日本の都市計画が持ちえた面的な都市整備手法は土地区画整理事業に限定されており、あくまで土地形状の整理を引き受けるだけで、その土地に建ちうる建築物までを一体としてコントロールできなかった。盛り場広場は、そうした日本の都市計画の技術的な限界の上で、道路空間の一部を読み替えるかたちで生まれた。近代以前の広小路や広見などを連想させるこうしたささやかな広場状空地は、不思議なポテンシャルを秘めた都市空間ストックとして、全国の少なくない都市で見出せる。

駅前広場──《新宿駅西口広場》

日本の都市計画にとって、盛り場広場と並ぶ最も身近な広場は「駅前広場」である。駅前広場は交通広場としての明確な機能を持ち、その形状も標準化された施設であるが、その施設の中に、必ずしも交通とは関係のない、人々のための都市空間＝広場の萌芽が見られる。

新宿で最初に駅前広場が造成されたのは、戦前の《新宿駅西口広場》にさかのぼる。一九二三年の関東大震災後、東京全体の郊外化の進展を背景として、新宿はターミナル駅型繁華街として急速に発展していった。しかし、西口には当時、淀橋浄水場や東京地方専売局煙草工場が立地しており、新宿発展の障害となると危惧されていた。そうした背景のもと、浄水場の移転を前提として一九三四年に都市計画決定され、一九四一年までにほぼ完成したのが、初代の《新宿駅西口広場》であった。駅前広場の大半は交通機能で占められていたが、北側の三角地帯には芝生が植えられ、池の周囲にベンチを設けた慰安場所とされた。

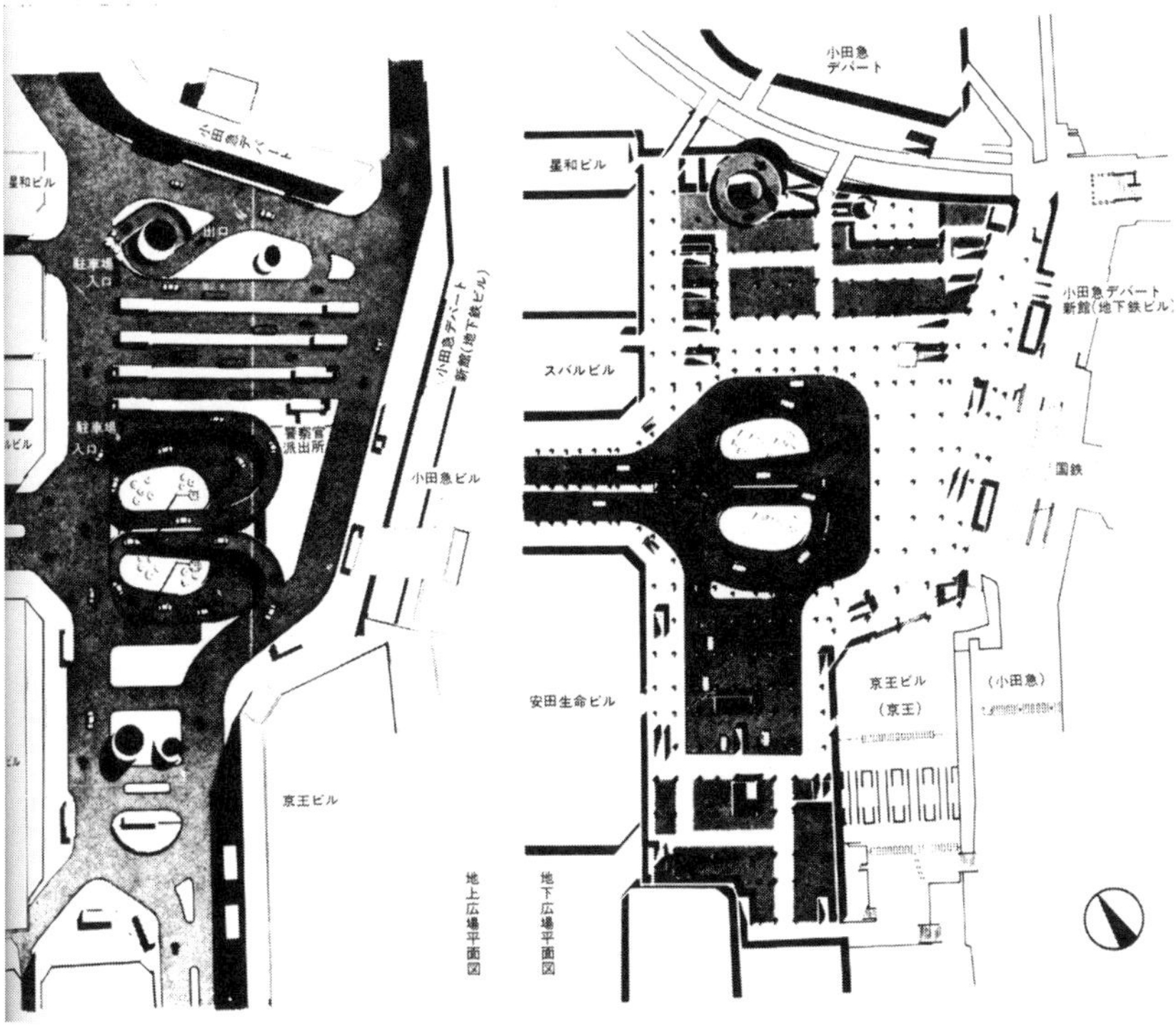

Fig.2　立体化した駅前広場としての《新宿駅西口広場》

戦争と戦災復興を挟み、淀橋浄水場の移転が本格的に動き出すのは一九六〇年になって、新宿副都心計画が策定されてからである。副都心計画によって、《新宿駅西口広場》も大きく改造されることになった(Fig.2)。設計者に選ばれた坂倉準三は、浄水場濾過池の底面レベルの道路と地上レベルの道路を広場の二層化で処理するという条件を、中央に自然排気の穴を設けることで解いた。この穴の内側には噴水も設置され、「水と光の広場」としてデザインされたが、そこは人々が佇む場所ではなかった。

坂倉のもとで設計を担当した東孝光は、新設された西口地下広場の特徴を「人々の動きを強制せずに自由に泳がせてしかも混乱させないようなスペース」[4]という意味で「透明な空間」を目指したと解説した。つまり、人々がそこで滞留したり、時間を過ごすことは想定していない空間だということだが、実際には人々はこの「透明な空間」に集まった。討論集会の輪が自然と生まれ、反戦フォークソングを歌う若者で溢れる広場となった。一九六九年の夏には五〇〇〇人もの若者が広場に集い、反戦歌を合唱した。新宿副都心を支えるインフラとして交通動線の処理に徹したはずの西口地下広場を、群衆が広場化していった。結節点としての駅前広場が持つ圧倒的な人のボリュームが、広場を生み出したのである。

よく知られているように、一九六九年七月には、一部過激派の学生たちが起こした暴動を抑えるため、機動隊が出動した。そして、続けて「西口地下広場」は突如「西口地下通路」に名称変更され、「ここは通路です。立ち止まらないで下さい」とアナウンスされることになった。新宿駅西口から広場が消えたのである。しかし、こうした事態を受けて、紀伊国屋書店社長の田辺茂一らが主導した新都心新宿PR委員会の先鋭的なタウン誌『新宿プレイマップ』では、広場の特集号を編んでいる。そこで、評論家の小内山宏は「新宿を素通りの街にしてはいけない。トンネルや通路にしてはいけない。新宿は、大東京の中で、ただ一箇所の〝広場〟の世界なのだから」[5]と指摘している。一九七〇年八月には、新宿通りでの歩行者天国も始まった。《新宿駅西口広場》自体の群衆は消えることはなく、「透明な空間」にも多くの人々がやってきた。

一九八〇年には地上のバスターミナルで、路線バスの車内に火のついた新聞紙が投げ込まれ、多くの犠牲者を出した新宿西口バス放火事件が起きた。犯人は地方から上京したあと、仕事にも家庭にも失敗し、事件直前には地下広場に通じる階段に座って、一人で酒を飲んでいた、社会からの疎外感を募らせていた人物であった。一九九〇年代初頭には、地下にホームレスたちの段ボールハウスが並ぶようになった。一九九八年に火災で死者を出したことが契機となり、自主的に退去することになるまで、行政当局と当事者や支援者との間の攻防が広場で展開された。透明でそれ自体色を持たない空間は、その時々の社会や人々の内面、不安や矛盾、衝動を時に激しく映し出す鏡となった。そして、広場とは何かが問い続けられた。都市計画が生み出したインフラは、排除や包摂をめぐる出来事によって問いの対象となったのである。

足元広場——《新宿三井ビルディング55HIROBA》

淀橋浄水場跡地については、副都心計画以前から建築家たちの構想力を描く場であった。例えば、終戦直後に石川栄耀が仕掛け人となって開催した帝都復興計画商工経済会募集では淀橋浄水場跡地も含む新宿駅周辺も対象地の一つとなり、気鋭の建築家、内田祥文の案が一等となった。浄水場を移転させた跡地の中心に高層の都庁舎、そして都庁舎と新宿駅との間には、公共施設群が囲む広場がデザインされた。一九六〇年代には、槇もメタボリズムグループの一員として、地区一面に人工土地をかける提案を行っている。「機械的なもの」「スピードのあるスペース」と「人間的なもの」「人間の歩くスペース」とを分離し、人間的なスペースにおいて、「種々のエレメントを包含し、しかも質的、時間的変化に耐えうる様な全体像の把握とそれをつくりあげる「群のシステム」＝「群造形」を探求した。その一例として、オペラハウス、映画館、劇場等が花びらのように生まれ、散りつつ、絶えず新しい調和を保つ「アミューズメントスクウェヤー」では、「広場のデザインが総てを決定する」として、広場を芯に置くイメージを提示していた。★6

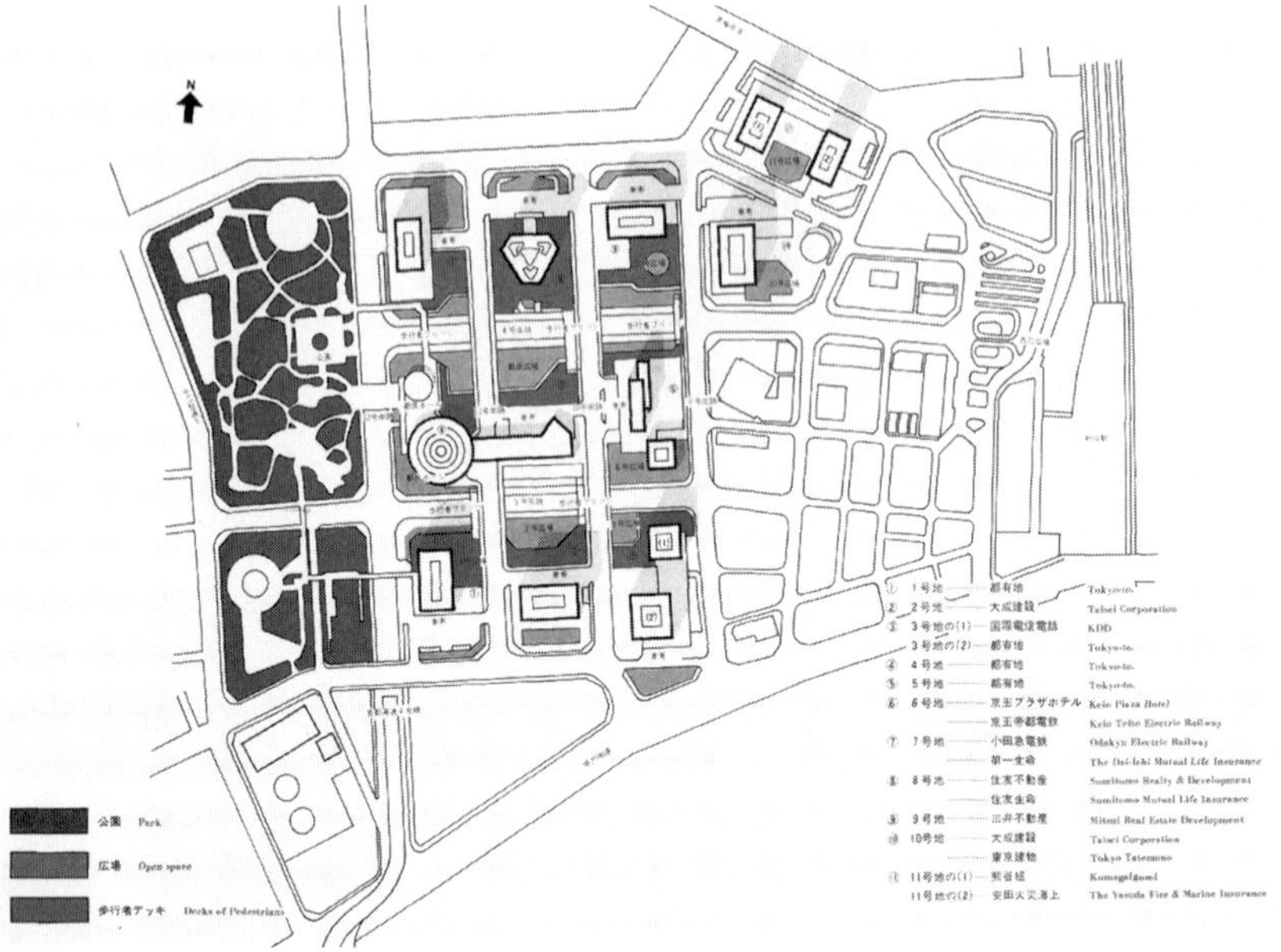

Fig.3　足元広場を重視した新宿副都心計画平面図

実際の淀橋浄水場も、広場を中心に展開された。しかし、その広場は、内田のものとも槇のものとも違っていた。《新宿駅西口広場》の地下広場での暴動からわずか二年後の一九七一年三月には、新宿副都心最初の超高層ビルとして京王プラザビルが竣工した。その名前のとおり、外に開かれたホテル、人々が集まれる広場を目指し、低層部を開放した。民間一二社からなる新宿副都心協議会では、超高層ビルの足元を「生き生きとしたヒューマン・スペースとして市民に還元する」ことを理念に掲げた。つまり超高層ビル建設そのものではなく、それによって、足元の人間性豊かな都市空間を生み出すことが目標に据えられたのである（Fig.3）。

そうした理念を最も忠実に体現したのが、一九七四年一一月に竣工した新宿三井ビルディングの足元の《55HIROBA》である。建築主の三井不動産としては霞が関ビルに次ぐ超高層ビル、設計者の日本設計事務所（現日本設計）にとっては、霞が関ビル、京王プラザホテルに次ぐ超高層ビルの建設であり、これまでの経験が生かされた。具体的には、第一に、超高層ビル建設にあたっての技術的課題については霞が関ビルですでに解決済みのものが多く、高層部以外の足元の設計に集中することができたこと、第二に、京王プラザホテルの実際の使われ方を観察することができ、純粋な業務街であった丸の内とは異なり、夜間や休日も人が訪れる賑わいのある街を目指すという発想が生まれたこと、であった。

新宿三井ビルディングは建物を敷地へのアプローチとなるメイン街路から最も遠い位置に配置し、前面にサンクンガーデンとしての《55HIROBA》を設けた。新宿駅西口地下広場を起点とした地下街路を抜けた先、新宿副都心に入って最初に出迎えるのが、この《55HIROBA》、つまり人間のための都市空間であった。設計者の池田武邦は、「都市環境の立場から見れば高層建築によって得られた余白空間こそその主な計画対象となるものであり、その空間は当然、直接・間接にその影響圏として対象敷地外に対してある広がりをもって存在している」[★7]と述べている。《55HIROBA》は最下層の二〇m角の広場部分の三方を店舗で囲み、かつ複数のレベルを持つ段状構成とすることで、人々の間の適度な親密さを生み出す囲まれ感、空間としての一体性を実現している。また、隣接する京王プラザビルの緑地帯との連続性、そして新宿副都心協議会が当初掲げていた足元空地のネットワークを担保するためのデッキの設置等、一街区にとどまらない構想を引き受けた。そして、何よりも重要なことは、竣工後も、丁寧な管理、そして様々な魅力的なプログラムの創出等によって、平日、休日を問わず、多くの人々に使われる広場となっていったことである。

新宿副都心では、その後も超高層ビルの建設が続き、足元広場が生み出され続けたが、例えば、東京都庁舎と都議会議事堂に挟まれた都民広場のように、人々に使われていないものも見受けられる。超高層ビルが集積した新宿副都心には、ビルの数だけ足元広場が設けられた。いわば、足元広場の実験場でもあった。真に広場となりうる空地とはどのようなものか、そうした観点からの検証を待っている。

活動広場——リノベーションと社会実験

新宿の主に戦後に登場した三つの広場に焦点を当て、歴史的経験の中に都市計画と広場との関係を探ってきた。もう一点、言及すべきことは、これら三つの広場の近年の動向である。広場は動き続けている。《シネシティ広場》、つまり旧コマ劇前広場は、戦災復興土地区画整理事業による建設以降、時代の要請に合わせて、「レインボーガーデン」「ヤングスポット」と名称や設えを変えながら、一貫して広場として親しまれてきたが、中央に島状の歩行者専用空間、そのまわりに車道が周回するという構成は常に維持されてきた。しかし、二〇一六年四月、新たに歩車道の区別をなくし、一面フラットな広場へと生まれ変わった。空間的な設えではなく、そこで行われるイベント、プログラムによって広場性を確保することが意図された。日常的には文字通り、取りつく島のない空間となってしまっているが、タウンマネジメントの観点から広場を捉え直し、広場での文化の創造と発信、あるいは使用料収入等の財源確保の仕組みに歌舞伎町の再生を託したのである。

《新宿駅西口広場》は、二〇一八年三月に策定された「新宿の拠点再整備方針」で、東西を自由通路で連結し、駅中央にセントラルプラザを新たに配するグランドターミナル構想のもとで、立体広場のボイドといったコンセプトを継承、発展させつつ、歩行者優先の駅前広場に再構成することが打ち出された。

「広場」から「通路」への転換から半世紀が経過し、今度は「広場」への再転換が起きようとしている。駅前広場の広場性の探求（ただし、そこに西口広場が経験してきた排除や包摂の概念がどう昇華されているかは注意深く見ていく必要がある）こそが新宿再生の中心的課題となっているのである。

二〇一七年、新宿三井ビルディングの足元のロビーには新たにロングテーブルが設置され新しいワークスタイルに合わせた場所が生まれた。また、二〇一八年九月には、これまで立ち入りができなかったロビーと同じレベルの植え込み部分もテラス空間にリノベーションされた。もともとは商業施設に囲まれたショッピングプラザとして構想された《55HIROBA》は、空間的にも機能的にも広場の性格を拡げつつある。ビルの足元での人々のアクティビティに多様性が生まれている。新宿三井ビルディングとほぼ同時に竣工し、デッキレベルで連携している新宿住友ビルディングでも、建物まわりの空地の活用の選択肢を広げるため、ガラスの大屋根をかける改修が実施されている。

つまり、三つの広場に共通して、広場および周囲のまちの再生を目指して、リノベーション、コンバージョンが一気に動き出している。そして、それは既存の広場だけでなく、通常の道路やオープンスペースにおいて、多様な活動を喚起させる社会実験と連動している。新宿駅東口に広がるモア街は、一九九〇年代から歩行者優先の環境整備を行ってきていたが、二〇〇五年以降、その路上を活用したオープンカフェの設置実験を開始し、二〇一二年、都市再生特別措置法改正による道路占用許可の特例を適用するかたちでカフェを恒常化させた。さらにモア街の周囲では、二〇一七年四月、新宿駅東口地区歩行者環境改善協議会が車道の一部に仮設の広場空間を設ける社会実験「Shinjuku Street Sheets」を展開し始めた。一方で、新宿副都心エリアでは、二〇一〇年にエリアマネジメントを標榜して発足した新宿副都心エリア環境改善委員会が主体となり、二〇一五年より毎年、公園、道路、公開空地、建物内低層部などグランドレベルを一体として、「座れる新宿」「都市のショールーム」といったコンセプトによる広場化の社会実験「Shinjuku Share Lounge」を開催している。
実験的に「素早く、軽く、安く」都市空間の使い方を変えていく試みは、主に「プレイスメイキング」と呼ばれ、日本のみならず、世界各地の都市再生の大きな潮流となっている。要点は、都市空間をアクティビティの面から捉え直すことである。広場はその形態と同等、あるいはそれ以上にそこでの人々の活動、そして広場の管理や運営が重視される。こうした潮流を生み出してきた一人であるデンマークの都市研究家のヤン・ゲールは、パブリックスペースに対して、パブリックライフという概念を提起し、次のように述べている。

よくデザインされた場所では、パブリックスペースとパブリックライフによい相互作用が生まれます。しかし実際には、建築家や都市計画家が「空間」自体を扱う一方で、コインの裏側である「人」が忘れられていることが多いのです。おそらくその理由は、形態や空間について考え、説明することが比較的容易なのに対して、パブリックライフはつねに移り変わり、捉えるのが難しいという点にあるでしょう。★8

ここで、冒頭の槇の文章に戻りたい。槇は既存施設のない新しいコミュニティをつくろうとするときに、オープンスペースに重要性を与える姿勢があってもよいのではないかという問いを立てた。しかし、今、都市やまちの再生の現場で探求されていること、探求すべきことは、少し違っている。おそらく、現在の切実な問いは次のように表現できるはずである。

都市空間ストックにあふれ、様々なコミュニティが共生しているまち、都市の再生や恢復を目指そうとするときに、施設化していない開かれた広場にはクリティカルな重要性がある。眼前の都市空間の歴史的な文脈を理解しつつ、実験的、仮設的なアクションを通じてその場のポテンシャルを掘り起こし、パブリックライフが豊かな場を探求していく、そういう姿勢があってもよい、いや、そういう姿勢こそ、今、求められているのではないか。

注

★1 長澤泰・伊藤俊介・岡本和彦、『建築地理学 新しい建築計画の試み』東京大学出版会、二〇〇七年

★2 筆者は、日本の都市計画法の制定一〇〇年、全面改正五〇年を記念した日本都市計画学会主催のイベントの一環として「アーバニズム・プレイス展2018 都市計画の過去と未来の創庫」(二〇一八年九月一五日〜二三日、新宿三井ビルディング55HIROBAおよび55SQUARE SOUTH)という展覧会を企画し、この都市計画と広場の歴史を描く試みを行ったところである。本稿の記述は、この展覧会の展示のうち、永野真義・湯澤晶子が主に担当した「Shinjuku Public Spaces Chronicle」の内容に基づいている。

★3 鈴木喜兵衛『歌舞伎町』大我堂、一九五五年

★4 東孝光「地下空間の発見」『建築』七九号、一九六七年

★5 小内山宏「新宿は〝新宿〟だから新宿を〝広場〟に」『新宿PLAYMAP』七号、一九七〇年

★6 川添登編『Metabolism1960――都市への提案』美術出版社、一九六〇年

★7 池田武邦「高層建築――三つの超高層建築の計画を通して」『建築雑誌』、一〇七六号、一九七四年

★8 ヤン・ゲール、ビアギッテ・スヴァア『パブリックライフ学入門』(鈴木俊治、高松誠治、武田重昭、中島直人訳)鹿島出版会、二〇一六年

図版出典
Fig. 1　石川栄耀『都市美と広告』日本電報通信社、一九五一年
Fig. 2　栗田勇監修『現代日本建築家全集11　坂倉準三・山口文象とRIA』三一書房、一九七一年
Fig. 3　新宿新都心開発協議会『新宿――この新しいヒューマンスペース　創造への出発』一九七三年

II

オープンスペースを調べる

5

オーナーシップ、オーサーシップから、メンバーシップへ

塚本由晴
Yoshiharu Tsukamoto

1965年、神奈川県生まれ。建築家、東京工業大学大学院教授。貝島桃代と1992年にアトリエ・ワンの活動を始め、建築にとどまらず幅広い活動を展開。近年はふるまい学を提唱し、建築を産業の側から人々や地域に引き戻そうとしている。建築に《ハウス&アトリエ・ワン》、《BMW Guggenheim Lab》など。著書に『メイド・イン・トーキョー』（鹿島出版会）、『コモナリティーズ』（LIXIL出版）など。

桜が生んだユートピア

東工大の大岡山キャンパスには桜が多く、春先には学外からも多くの花見客が訪れる。だが私が学生だった三〇年前はそれほど外部からの花見客はいなかった。その頃から本館前やロマンス坂と言われる東急線沿いの桜並木は見事だったが、そもそも花見を楽しむような風流な雰囲気は学内になく、それを想定した設えなどどこにもなかった。本館前の桜は、ループする車道で区切られた長細いロータリーの内側に植えられており、枝の下にはいつも車が停まっていた。またロータリーの内部は暗く水はけも悪く、人が立ち入る場所としては整備されていなかった。しかし春先になると、曲がりくねった黒い幹や枝が満開の桜を天蓋のように支えて大変美しかった。それに誘われるように、坂本一成研究室の仲間たちと花見を始めた。

当時の私たちは、別々に作られた建物の集合やそれによって囲われるたまたま出来た外部空間を、自分たちの企画で使いのめすことで、ひとまとまりの環境として捉え直す「遊び」を繰り返していた。例えば研究室の窓から隣の講義棟の壁面に、一六ミリの映写機で『パワーズ・オブ・テン』(イームズ夫妻による実験映画)を投影しながら、空中を通る渡り廊下や屋上など様々な場所でパーティーをした。これは高層ビルの壁面に「強力わかもと」のコマーシャルフィルムが映し出される『ブレード・ランナー』や、広場壁面に鏡に反射した映画が映し出される『ニュー・シネマ・パラダイス』のシーンに感化されたものだった。アーキグラムの『インスタント・シティ』やチュミの『ディスプログラミング』にも触発されていた。今ならインスタグラムにすぐ上げられ、シェアされることになるのだろうが、一九九〇年頃のこと。残念ながら写真も残っていない。本館前での花見も、そうした遊びの一環として始められた。

春先はまだ冷気と湿気が地面から上がってくるので、ダンボールを下敷きにブルーシートを重ねて、防湿、断熱を確保した。一年目は調理されたものを広げて飲み食いするだけのささやかな宴であったが、自然と歌も出て大変楽しかった。夕方から始めてもすぐ手元が暗くなる中での花見に興じる物好きは他にいなかった。次の年は近くの校舎から電源を引いて桜をライトアップし、三年目からはその場でBBQも始めた。この頃になると同好の士が現れ始め、桜の下も賑やかになっていった。その後すっかり花見は定着し、満開の週末には学内だけでなく学外からも多くの花見客が訪れるようになった。普段は地味な東工大のキャンパス全体が見違えるように華やぐその光景には、とても自由な雰囲気があった。でも用を足したい人が校舎に入り込んでトイレを使い、キャンパス内のゴミ箱がゴミの山に埋もれ、飲み過ぎで具合が悪くなる人も出るなど、施設管理の観点から無視できないこともいくつか出てきた。大学側もだからといって花見客を締め出すのではなく、対応策として仮設トイレと、仮設のゴミ捨て場を用意するなど、粋な計らいを続けていた。

そんな折、二〇〇三年頃にキャンパス環境整備の委員会が立ち上がり、建築学科から私と安田幸一さんが参加した。本館前の整備はその中の議論の一つで、本館前の車道を一車線の片側通行にし、ロータリーと駐車場を廃止して、芝生の斜面広場をそこまで連続させる提案にまとめられた。これまで歩くことのできなかった桜並木の中央を本館玄関から続くプロムナードに改変するにあたり、桜の根に荷重がかからぬよう構造を工夫し、少し地面から浮いたデッキとした（二〇〇六年完成、実施設計 安田研究室）。桜の足元にはベンチも設えられ、緑陰には学生、教員の区別なく人が集い、近所の保育園も子供たちを連れて遊びに来るようになった。元々見事だった桜の並木が本館前にふさわしいプロムナードに生まれ変わり、地域との融和を図る憩いの場が生まれた。内部で何が行われているのかわからない大学のキャンパスが、地域に少し開かれるきっかけとなる満足のいく整備となった。

自由なふるまいと管理のあいだで

でも問題はこの先である。キャンパスの一部が開放的な雰囲気になると、大学としてはその管理に今まで以上に神経をとがらせるようになった。まず花見における酒宴が禁止され、あわせてキャンパスのオープンスペースでのＢＢＱが禁止された。そのため建築のデザイン系研究室の学生による合同花見は、近くの洗足池に場所を移すことになった。近年は夜桜の下で食事することすら禁じられている。大学は研究教育機関であり、施設の目的にそぐわないこと、実験室でも火の不始末が続いていることなどが諸々禁止する理由である。花見客が急性アルコール中毒になる、酔った勢いで施設内に侵入する、といった予期せぬ出来事に対し、大学は責任を負えないので、施設管理の観点からはその可能性を未然につぶしておくしかない。その範囲を本館前だけに限定することもできないし、学内の利用者と学外からの利用者で適用の対象を分けることもできない。本館前プロムナードというキャンパスの一部を一般にも開放する整備を行った結果、キャンパス内のどこであっても、誰に対しても一律に、酒宴や火を使った調理が禁止されることになった。

現在の施設管理の常識に照らせば、この決定に異議を唱える余地はなさそうである。しかし私の心の底には釈然としない感覚やモヤモヤがある。そこに、大学キャンパスに限らない、「現代日本社会におけるパブリックスペース」の病理が透かし見えるからである。

釈然としないのは、大学入学以来通い続けている「旧住民」の感情としてである。以前できていたことができなくなったことに対する不満と言ってもいい。でも大学の施設管理の観点からすれば、花見の宴をとりたてて禁止もしていなかったが、権利を認めていたわけでもないということだろう。少人数で目立たないうちは問題にしなくて良かった（お目こぼしの範囲内だった）ものが、規模が拡大すると無視できなくなっただけのこと。誰が悪いという話ではないから、不満をぶつける相手もいないでモヤモヤしている。

多少羽目をはずすこともある花見のふるまいが、悪者のように扱われることにも違和感がある。花見というのはただの宴会ではない。春になると誰に言われるでもなく集まってきて、茶や食事や酒を桜の花の下で楽しむ文化的なふるまいであり、古くは秀吉の吉野の大茶会なども知られている。年に一度という桜の開花のリズムに、茶席や宴会など日々行われるふるまいのリズムを重ねて、春の訪れを祝うのである。海外にも桜の植えられているところはあるが、花見は行われないことを考えれば、日本にはそれを行うスキルが蓄えられてきたと言える。そのふるまいは、桜の植え方、すなわち造園やランドスケープデザインにも影響する。桜、特にソメイヨシノの特徴は、葉がないうちに花だけが咲き誇るところにある。この花の反復が途切れずどこまでも連続していけばいくほど、桜花の天蓋の下でより多くの人とともに花見の時間を共有できるようになる。列状や面状に植えられるのは、桜のふるまいを集め、人を集めるランドスケープデザインである。それが日本の風景の審美眼の形成にどれだけ寄与したことか。外国の公園で目にする、一本だけ植えられた桜には花見のふるまいが想定されていない。

桜が植えられているのは道、神社の境内の一画、川の土手など普段は人気のない場所である。だが春の訪れとともに、桜の花の見事なふるまいが人のふるまいを呼び寄せ、その場を領有する。そうやって時間と空間とふるまいを共有することのなかに、人と人だけでなく桜まで含めた連帯や共感が広がっていく。教会やシティホール前に人々が集まる西洋の広場と対比すればその違いは明らかだろう。西洋の広場は権威を体現する建物と共同体の中心性を体現する広場の組み合わせによって、人が集まっていようといまいと、シンボルに仮託されるかたちで公共性が表現されたオープンスペースが成立しているのに対し、花見の場所には桜があるだけである。ここから西洋の広場の原理がシンボルとその配列という時間に左右されない空間的、建築的なものであるのに対し、花見の原理は自然と人のふるまいの重ね合わせであり、空間の輪郭に左右されない時間的なものであると言うこともできる。こうしたオープンスペースの日本らしい利用のされ方の根には、季節のリズムに合わせて労働を集約し、生産性が高いので人口を多く養える米作によって育まれた心性があるのかもしれない。

「施設化」するオープンスペース

だが東工大の事例のように、日本の都市部のオープンスペースの現実は、広場とも花見とも異なる方向、あえて言うなら「施設化」への道を辿っているようだ。その背景には施設管理の現実がある。施設管理は、建物や構築物のメンテナンスだけでなく、セキュリティ対策や社会に対する説明責任など、見えない何かを相手にするようになってきた。それを工学的に可能にする技術として、生体認証やビッグデータの利用が導入され、建物の中だけでなく、道路や公園などのオープンスペースまでが、管理の対象になってきている。「施設化」とは、輪郭のはっきりとした空間の、所有権者と受益者と目的を確定し、その想定の範囲内に収まるようにそこでの人やモノのふるまいを管理することである。そういう方向に行ったら、キャンパスのクリエイティブな雰囲気など期待する余地もなくなる。

東工大本館前の私たちの花見は年を追うごとに改良され、少しずつ仮設の設えなども洗練されてきていた。それができなくなったことを低く見積もるべきではない。なぜならふるまいの制限は、そのふるまいを支える技《スキル》を人々から奪い、その環境に慣れるとスキルがないことが当たり前の心性《マインドセット》になり、これが環境の読み方、関わり方を縛ることになるからである。環境の整え方、反復されるふるまい、ふるまいを支えるスキル、スキル習得により育まれる心性、これら複数の事象の間には再帰的ともいうべき入り組んだ関係があるのである。だから施設型の環境で生活しているうちに、ふるまいは整えられ多様性を失い、人々の自画像は自分で工夫するアクティブユーザーではなく、提供されるサービスを従順に受け取るパッシブユーザー寄りになり、社会全体が施設型に飲み込まれてしまう。それでは槇さんが近代主義建築がユートピアの現出に失敗したと指摘するのと同様に、オープンスペースのアナザーユートピア性は奪われてしまうのではないか。

近代主義建築によるユートピアを阻んだ要因も、実は近代の「施設」に内在されていたように思う。施設批判については、近代施設の中に権力を環境に紛れ込ませ見えなくする装置としての側面を見出したミシェル・フーコーや、近代以降の学校や病院に対して脱学校、脱病院を唱えたイヴァン・イリイチの著作が詳しい。私も「非施設型空間とネットワーク」(『新建築』二〇一五年一月号)の中で明治の近代国家以来の「施設」について批評している。曰く、欧米列強と対等に渡り合うためにも、人権の平等性に基づく近代社会の建設は喫緊の課題であり、その仕組みづくりのために教育、文化、行政、司法などの概念が分節化され、それを体現するものとして学校、博物館、市役所、裁判所などの近代の施設型が外国から導入された。つまり施設型の空間には、当時の人々には馴染みのない概念が先行していた。そんな見知らぬ施設を設計する専門家として建築家の職能は確立された。これに対し民家や花見は、事物のふるまいが先行し、その関係性によって生まれるから仮に非施設型の空間と呼べる、と。

でも施設に罪があるわけではない。例えば自分の町に初めて図書館ができることを想像してみる。こんなにたくさんの本を、誰もが自由に手にとれるとなれば、それは夢のように感じられるはずである。日常的に利用する施設の目的というのは、本来人々の夢を集めたもの＝ユートピアなのである。その意味で、近代建築のユートピアを夢見させていた要因も、それを阻む要因もともに施設に内在している。だが数多くの施設で溢れた大都市に暮らしていると徐々に夢見る感覚が麻痺してくる。逆に施設概念は法律で定義されているから発注側も予算化しやすく、産業側も予測しやすいなど経済面ばかりが目立ってしまう。産業は競争原理のもとに期待値を高めて、より良い仕様《スペック》を提供しているつもりが、人々の側からは、各種専門家による様々なアセンブリー（意思決定の会議体）が技術環境を整備し、必要かどうかわからないものまで受けとっているように見えたりもする。施設管理の責任が重く、クレーム対応に追われる運営者や所有者は、夢どころか悪夢を見ているかもしれない。建築家たちはこの状況を批判し、人々が夢を見るのを諦めないように、いわゆる図書館ではない脱図書館、平等を均質さと解釈した学校ではない脱学校、あるいは産業社会の合理に従うだけではない脱産業社会的建築を提案してきた。その闘いはいつも個別であり、そのことが建築家のオーサーシップ（著作権）を際立たせてきた。

プライベートでもなく、パブリックでもなく

今、オープンスペースにも、施設化の波が押し寄せてきているのなら、これまで同様、建築家は個別な闘いを続けることになるのだろうか。もちろんそのやり方でも成果はあげられるだろう。現実に建築

家のデザインによる優れたパブリックスペースがつくられている。でもオープンスペースは決してオーサーシップでやり切れるものではない。オープンスペースは、第一にそこに住む人々のものであり、積極的な意味で誰のものでもない。すなわちオーナーシップ（所有権）もない。私が「ふるまい」に興味をもったのも、それが一定の範囲で人々に共有されているという意味で、誰のものでもないからである。拙著『コモナリティーズ』（LIXIL出版、二〇一四）で紹介した、世界各都市のオープンスペースにおける楽しい空間実践の数々には、オーサーもオーナーもいない。その場にある何らかの資源と人々が向き合うことによってふるまいが生まれ、共有され、一定のリズムで繰り返されることで洗練され、そこに身を委ねることで共感が生まれる。そのふるまいは学ぶことができるので、誰でも身につけさえすれば、その空間実践に参加できる。その価値は、オーサーシップ、オーナーシップを原理にした建築・都市の批評言語では捉えられない。むしろメンバーシップを原理とした批評言語を求めている。

メンバーシップというのはあまり聞きなれないかもしれないが、入会地など共有の土地およびそこで再生産される資源であるコモンズの議論における鍵となる概念である。共有するということは、メンバーを限るということであり、そのことによって問題化する集団の在り方のことをここでは指している。またコモンズについては、共有は資源枯渇につながるという「コモンズの悲劇」（『サイエンス』三八五九号、一九六八）が、長らく共有地を解体し私有化することの優位を主張する論理的根拠となってきたが、共有は資源管理上持続性があるとゲーム理論を使って証明したエリノア・オーストロムが二〇〇九年のノーベル経済学賞を受賞するなど、二〇世紀後半が遠ざけてきたこの問題に光が当たるようになってきた。

近代国家はその統治を遍く国中に行き渡らせるために、地域自治的なコモンズを解体し、物件を私有／公有のどちらかに振り分けることを前提に法制度や税制を構築したので、コモンズとその理解に欠かせない資源へのアクセシビリティやメンバーシップの概念も過去のものと見なされるようになった。人々の関係は貨幣経済の中での個の関係に還元されることで、地縁、血縁などから自由になった。代わりにオーナーシップ、オーサーシップが社会の中で前景化し、物権の私有／公有の切り分けを空間の計画理論に敷衍したプライベート／パブリックの対比が、都市・建築デザインの批評言語として二〇世紀を支えた。プライベートは究極には一人、一方のパブリックはメンバーシップの完全開放《フルオープン》、つまり無限を標榜し、いずれもメンバーシップの概念を無効化してしまう。これを原理にした計画理論で作られた都市に暮らす人は、フルオープンの想定に慣らされているので、自然に向き合ってコモンズ的な暮らしを維持している農漁村・中間山村の人間関係や合意形成の仕組みが理解できず、これを閉鎖的、保守的と非難してしまう。でもそうした性格は資源へのアクセシビリティを特定のメンバーに制限する、コモンズを維持管理する知恵の一形態なのであり、非難される筋合いのものではない。ただ、都市のメンバーシップの想定がオープンであるのに対し、農村のメンバーシップの想定がクローズドなだけである。

冒頭に述べた東工大の花見の件では、プロムナードの整備によって、キャンパスのメンバーシップが、セミクローズドからオープンに変わり、様々なことが禁止されるようになった。その意味では都市型コモンズの悲劇と見ることもできる。ここで一番の問題は、そのことが先のキャンパス環境整備の委員会で議論されなかったことである。いや、議論するための言葉が無かったと言ったほうがいいかもしれない。私たちは本館前広場が、学内、学外の誰にとっても喜ばしい、アクセシビリティの高い歩行空間になることを望んでいたが、そのときパブリックの概念のもとフルオープンのメンバーシップを無意識に想定してしまっていたように思う。だがメンバーシップの変化とそれに伴って大学側が取らざるを得なくなった対応を予測できていたならどうだろう。極端なことを言えば、花見が自由にできなくなるならプロムナードの整備は控える、という選択肢もありえたわけだ。

このようにメンバーシップは計画の中にあって手が届かない盲点になっていた。オープンスペースのアナザーユートピアを潰えさせないためには、このメンバーシップをより繊細に議論できる建築・都市の批評言語の構築が必要である。その検討のための社会的条件は十分なほど揃っている。移民労働者、外国人観光客の増加、女性の平等な社会参加、ＬＧＢＴの市民権獲得、ユニバーサルデザインの展開は、どれも建築・都市におけるメンバーシップの見直しを迫っている。また、まちづくりの広がりは建築・都市の整備における意思決定の場のメンバーシップを作り変えているし、オープンスペースの別形態と言える空き物件のコンバージョンも用途変更に伴うメンバーシップの変更の問題と言っていい。誰と、どこで、いつ働くかという、働き方改革はまさにメンバーシップの問題である。そして環境のサステナビリティの問題は、動物や非生物など人間以外にも、民主主義のメンバーシップを拡張することを求めている。こういう問題に挑戦することによって、都市・建築の批評言語をオーサーシップ、オーナーシップを原理としたものからメンバーシップを原理としたものへと転回させるのである。アナザーユートピアを見ようとするその射程は、オープンスペースだけでなく、建築にも及ぶはずである。

6 都市の「すきま」から考える

北山恒
Koh Kitayama

1950年、香川県生まれ。建築家、法政大学建築学科教授。1978年にワークショップを共同で設立し、活動を開始。1995年よりarchitecture WORKSHOPを設立。また、横浜国立大学大学院Y-GSAを設立し、多くの建築家を鼓舞し育成してきた。建築に《洗足の連結住棟》（日本建築学会賞、日本建築家協会賞）《祐天寺の連結住棟》など。著書に『in-between』（ADP）、『モダニズムの臨界』（NTT出版）など。

はじめに

ユートピアとは「どこにもない場所」という意味の造語なので、アナザーユートピアとは「もうひとつのどこにもない場所」ということになる。モダニズムは二〇世紀初頭の西ヨーロッパに始まる建築運動であるが、それを支えている〝モダン〟というコンセプトは絶えず「どこにもない場所」を探してきた。過去を切断し、誰も見たこともない未来を指し示す思想が、その中心にある。だから、モダニズムとはユートピアを求め彷徨う運動なのだ。モダニズムの建築はそんな英雄的な主題を持っているのだが、アナザーユートピアという、もうひとつのユートピアの行方を示唆する言葉は、モダニズムが対象とした実体としての建築物が切り取った〝残余の空間〟というオープンスペースを意識に上らせる。しかし、残余である以上、そこには明確な意図は読み取れない。ただ、そこは誰でもがアクセス可能な場所であるから、人々が日常を経験する場所である。オープンスペースは人々の出会いの場所であり、コミュニティという人間の関係性をデザインする重要な建築要素になる。このオープンスペースの可能性を探ることが、槇の提言するアナザーユートピアなのだと思う。

私は「ヴォイドインフラ」という造語をつくって、東京の建て詰まった木造密集市街地をリサイクルする提案を行っている。「ヴォイドインフラ」とは、直訳すれば「空洞の基盤構造」だが、原っぱのような小さなオープンスペースを手掛かりに木造密集市街地を豊かな街に変えていこうという提案である。「ヴォイドインフラ」というアイデアは、建築物を建てることで問題を解決するのではなく、建物を建てないことで地域のなかにポテンシャルを生もうとする点で、これまでの建築の概念とは異なっている。

日本の人口はピークを打ち現在は漸減している。東京はそれでも流入人口があって微増しているが、近い将来減少に転じることが予測されている。都心周縁部にリング状に拡がる木造密集市街地の内部では、空き家や空き地というヴォイド（空洞）がすでに虫食い状に増えている。そこは、もともとは濃密なコミュニティが存在していたが、少しずつ壊されている。その虫食いを戦略的というか、計画的にデザインすることで、点在する小さなオープンスペースのネットワークをつくり、誰でもが散策するようにそれを経験できる街にできないか。そんな空間体験によって人々を共同へと誘うことを目指している。

ヴォイドだらけの庭園都市

もともと近代社会に入る前の江戸は、ヴォイドだらけの庭園都市であった。江戸は武家地・寺社地・町人地に区分され、市中の面積の六五％ほどを武家屋敷が占め、さらに一〇〇〇を超える寺社が一五％ほどを占めていたそうである。合わせると八〇％を占める武家地・寺社地は、共に境内という囲い地に庭園という夥しい数のオープンスペースを抱き込んでいた。それは都市のなかに自然をふんだんに持つ、世界史のなかでもユニークな空間構造であったようである。都市という人工環境をつくりながら、自然と親和する空間が同時に併存していたところが、ヨーロッパ文明がつくる都市とは異なる。

明治維新によって、江戸は東京という都市に切り替えられる。そこで、それまでの社会制度を切断して、ヨーロッパ文明がつくる社会制度に変換することになるのだが、この社会システムの変更は、都市空間の使い方にも大きな影響を与えた。多数の武家屋敷は地方の藩からの出先であり、拝領地であったため、明け渡され住人がいなくなった。そのため明治初頭の東京は急激な人口減があり、大きな武家屋敷は空き家となり、そこに勝手に住む人たちがいたりして、荒れ果てていたようである。そこで、明治政府は「桑茶令」という法令を発令して、空き地を生産緑地に変えることを指示する。それほど、当時の東京の都市空間は空洞だらけとなっていたそうである。明治六（一八七三）年に地租改正条例が出されるが、それはこのような空き地を管理する者を明らかにするためではないかと思う。ここで、土地の所有権が制度的に認められ、土地の売買や担保化が容易となり、土地の私有財産権が確立する。

明治維新から三年後、オスマンによるパリの大改造が終わる一八七一年、「現代都市」が生まれる契機となったシカゴ大火があった。「現代都市」という都市類型は、市の中心部が焼失したシカゴを再生するときに、都市の中心部を高層のオフィスビル用地とし、周辺を専用住宅地とする都市計画が行われたことから始まるのだが、その後、経済活動を支える都市類型として世界を席巻する。二〇世紀初頭には、シカゴ大学でこの「現代都市」を研究対象とする都市社会学が生まれているが、その要件を「完全な土地私有制度と、市場に基づく自由な経済活動」としている。この北米とほぼ同じタイミングの明治初期に、現代都市を支える土地所有の社会制度が整えられていたのがわかる。武家屋敷の囲い地にあった大きな庭園のいくつかは、現代にもつながるオープンスペースの公園として使われているものもあるが、近代化のなかで、その多くは切り刻まれ、経済活動のために区分所有されていった。明治維新以降、大きな社会変動にあっても東京の都市構造には大きな変化がなかったように見えるのだが、それは、囲い地のなかにあった庭園というヴォイドを食い潰してきただけなのだ。

「都市コモンズ」という概念

都市空間が区分所有されることは、マーケットメカニズムに都市のあり様を委ねる「現代都市」の原理であるが、それによって失われたのが所有のあいまいな「共有地＝コモンズ」である。西ヨーロッパでは一八世紀末の市民革命とともに土地所有が自由化され、一九世紀には共同体の土地が解体されていく。日本でも明治初期の地租改正によって共有地は急激に消失し、共同体のあり様は大きく変容した。

明治の初め、神社の数は全国で二〇万社ほどであったそうである。江戸期の人口は停滞しており、その推定人口は三〇〇〇万前後とされているので、一五〇人ほどにひとつの神社という割合になる。この集団は神社を中心とした氏子・氏神という自然集落を形成していた。それは、「当時の〝自然村〟つまり地域コミュニティの数にほぼ対応していたと思われる。これらの場所は狭い意味での宗教施設ということを超えて、「市」が開かれたり「祭り」が行われたりするなど、ローカルな地域コミュニティの中心としての役割を担っていた」（広井良典『ポスト資本主義』岩波新書、二〇一五年）。経済学者の宇沢弘文は、このような共同体を支える制度を「コモンズ」という概念で紹介するのだが、この訳語として「社」を提案している。社という言葉は、農村共同体を表すのだが、もともと土を耕すという意味を持っているそうである。そして「農家五十戸をもって社となす」という文献を紹介する。それは神社を中心とした農村共同体というイメージにつながる。

レヴィ＝ストロースは『悲しき熱帯』のなかで、アマゾン川奥地のボロロ族の生活を報告しているが、そこでは集団の成員は全員に役割が与えられ、「不平等であるが忘れられる人はいない」共同体である。原始集落では成員全員が記憶されるくらいの規模の集団のなかで、人々は大きな家族のように安定した関係を持っていたのではないかと思う。いくつかの自然集落や原始集落の報告を見てみると、このような顔見知りの共同体のなかでは、土地という自然資源を個人が所有するという概念は存在していないようである。

このコミュニティスケールを超えて、見知らぬ者が登場する「都市」という社会システムのなかでは、共有するという概念を持つコモンズの存在は困難となる。すなわち、コモンズとはここでは「非都市」を意味する概念である。しかし、コモンズはほんとうに、「都市」のなかでは存在できないものなのであろうか。それに対して、都市社会学者のデヴィッド・ハーヴェイは「都市コモンズ」という、相反するアイデアを合一する「コモン化」(commoning)という運動を示している。それは、固定したコモンズではなく、不安定で可変的な社会関係として存在するものとして示される。「コモン化という実践の中核に存在している原則は、社会集団と、それを取り巻く環境のうちコモンとして扱われる諸側面との関係が集団的で非商品的なものだということである。すなわち市場交換と市場評価の論理は排除される」(『反乱する都市』作品社、二〇一三年)と記す。これは、「現代都市」が大量生産・大量消費を基調とする資本主義システムを支えるハードウエアとして構想されていることに真っ向から反対するものなのだ。

遊びの解放区

一九五〇年代半ば、高度経済成長期が始まったばかりのころ(私が子供のころなのだが)、当時の日本では、都市のなかに空き地や残地がたくさんあった。子供には「土地の所有」という概念がないので、他人の家の庭も自由に出入りする。家と家の隙間であったり、路地や空き地など、他人の地所であっても侵入可能な空間はいくらでもあった。そんな進入可能な隙間を自在に移動していた。そして、身体が移動できる空間(パス)のネットワークとして、自分だけの地図をつくりだしていた。この地図のなかに、挨拶をする大人たちや親密な遊び仲間がいた。当時の都市には、このような所有のあいまいな未利用地がそこかしこにあった。所有の不明な外部空間は誰でもがアクセスを許されるので、子供たちにとっては遊びの解放区である。大人たちにとってもそんな空間の発見は自発的な様々な行為を誘導する。

しかし、現代の日本の都市は土地所有が細分化され、都市のなかで管理のあいまいな場所はあまり残されていない。この一〇年ほどで、渋谷のホームレスの数が劇的に減ったという話を、法政大学教授で社会活動家の湯浅誠から聞いた。ホームレスが夜に安心して寝られるのは所有のあいまいな空間なのだが、そのような空間が急激に無くなっているそうである。都市の空間管理は急速に進んでいる。管理されない（または、あいまいな）空間は自発的な人々の出会いを提供するのであるが、現代は住宅地の道さえも国家が管理する。そこでは、都市コモンズという現代の共有地をどのようにつくることができるだろうか。たとえば、車によって人が排除されている道路を、逆に車を排除して人々がゆったりと歩ける道にするだけでも、それは誰でもがアクセスできるオープンスペースとなる。さらに、土地の所有を明示する塀を取り除いて、地域の人が誰でも座れるベンチを置くだけで、そこにコミュニティの存在を気づかせてくれる。多くは制度的な問題なのだが、なんでもない、あたりまえの日常のなかに、そんな共有感覚を持つコモンズを表現できないであろうか。

「ヴォイドインフラ」というコモンズ

「都市」という社会システムは、自由と平等という個人の状態を担保する政治的空間なのだが、そのなかで人々は切り分けられてバラバラにされている。「現代都市」は経済活動に対応して設計されているために、そのなかで、個人はさらに分断され、家族という社会の最小単位さえも解体されつつあるように見える。この都市状況のなかでコモンズという共有の感覚が生まれるのは難しい。しかし、人は自由と平等を求める権利を持つと同時に、安定した共同体の泡のなかに包まれることも必要なのだと思う。

イスラムの都市には「ワクフ」という制度があって、不動産を寄進することで、その不動産は誰のものでもないみんなのものになるそうである。東日本大震災のあと伊東豊雄を中心とした建築家たちが仮設住宅地に《みんなの家》をつくる運動をしたが、ワクフは都市のなかに常設される「みんなの家」である。このワクフは広場であったり、宗教施設であったり商業施設の場合もあるが、「誰のものでもない」ことが重要である。土地の所有が放棄されているのだ。誰のものでもないことによってその場所は誰にでも開かれた場所になり、人々を共同に誘う。土地を所有するという概念から、場所を使用するという概念に移行させることで、ワクフのような共有の感覚が生まれるのではないか。このような土地所有の概念を変えることで、東京の住宅地の様相を更新できないか。

木造密集市街地の内部では空き家や空き地が増えているが、その多くは街区の最も奥にある未接道宅地である。「未接道宅地」とは建築基準法で定められた「道路」に二m以上接していないという理由で、新たに建物を建てることが禁じられている敷地なのだが、そこを道路と同じ公用地とするか、または信託化することで「誰のものでもない」、地域の共有のオープンスペースにすることができないか。この街区の奥に設けるこの公的なオープンスペースは、誰でもがアクセスできる原っぱのようなものである。地域の人々の家庭菜園にも使えるし、寄り合いの場所であり、そして火除地《ひよけち》である。周囲の建物の所有者が、このオープンスペースに接続するメリットを感じれば、地域のリサイクルを誘導することができる。

この小さなオープンスペースを「ヴォイドインフラ」と名づけた。「ヴォイドインフラ」は地域の再編をドライブする基盤プログラムである。周囲の住居をこの「ヴォイドインフラ」に重集合として共同化し、さらに家と家の隙間や細街路とつないで歩行ネットワークを形成するという提案をしている。二〇一八年の展覧会「続・Tokyo Metabolizing」(Earth Gallery)で展示したときは、この「ヴォイドインフラ」を耐火耐震壁の工作物で囲うことにした。この小さなオープンスペースが公的であることを示すため、公私を分けるファサードのような役割を与える。その耐火耐震壁には井水を循環させて、冬は少し

Fig.1 ヴォイドインフラ模型 鳥瞰 ©法政大学北山研究室

Fig.2 ヴォイドインフラ模型 街並みの様子
→ヴォイドインフラに接続した新しい生活機能を提案している

暖かい、そして夏は少し涼しい壁となって周囲の微気候を調整する。この厚みを持った壁は、接続する家屋の必要に応じて開口を設け、火災時は循環している井水がドレンチャーとして働き延焼を防ぐ。さらに、この壁にオープンスペースから二階に直接上がれる公共の階段を付けることで、上階に共有のテラスを設けたり、その階段を使って二階を賃貸に回すこともできる。

東京は小さな粒《グレイン》の集合体でできた都市であり、その小さな粒が自己都合で生成変化する不思議な集合体としての都市である。この都市の持つ特性を使うことで、コミュニティ再生の契機を与えようと考えている。木造密集市街地の内部にどのように「ヴォイドインフラ」を設けるのか、その配置を戦略的にデザインすることができるのか。その根拠となるものに、「延焼過程ネットワーク」（織山和久　二〇一六）という研究がある。建物種別と離隔距離に応じて延焼線という燃え広がりのネットワークを描くもので、これによって地域の延焼ハブになる建物を特定することができ、この延焼ハブを選択的に不燃化ないし空地化することで地域は面的に延焼火災に強くなるというものである。この延焼過程ネットワークを前提とすれば、計画という概念ではなく、できるところから始めるという、選択的な都市の更新が可能となる。それは、既存のコミュニティを保持したままの局所的な手当てが可能となる。

この「ヴォイドインフラ」という提案は、東京という都市のなかで制度的に既存不適格とされ大量に存在する資産価値のない未接道宅地を、逆手にとって、都市を再生する資源《リソース》にしようとするものである。

コモンズをネットワーク化する

日本では、道路法が施行される以前の幅員の狭い道路が大量に存在しているため、開発の進まない整備不良となる地域が大量に存在する。そこで、その道路を地域住民の管理にすることができれば、道路法で決められているアスファルトの路盤をはがして、コモンズのネットワークにすることだってできると思うのである。

「コモンズのネットワーク」という都市組織は、そこを使う人々の出会いの場所をつくり、顔見知りの関係=挨拶をする関係をつくる。それが、現代都市という人々を分断し、孤立化させている都市空間を反転するのだ。「ヴォイドインフラ」を点在させることによって生まれる「コモンズのネットワーク」を、都市のなかに〝入れ子〟のように分布させることで、都市のなかに集落のような共同体の泡がつくれるのではないか。それは地域住民が管理する自立した政治的組織である。そんな自治的共同体の泡が重なりながら、寄せ集まって都市ができているというイメージである。そこには、カフェやギャラリーなどの店舗が歩ける範囲に混在し、さらに、都市社会を支えるインフラを、ローカルシステムに変えてしまうことも提案できる。それは、ローカルなエネルギー供給システム、ゴミ処理のシステムなどのサポート機能が付随する多層なローカルシステム、そして生活に親和する小さな交通ネットワークなどである。この空間がつくる自治的共同体という地域社会は人々が生活する社会システムそのものなのだ。

さらに、寺社地という大きなオープンスペースに接続すれば、生命スパンを超えたコミュニティスケールを覚醒させることができるのかもしれない。寺社地は江戸から継続する数百年の間、都市内で巨大なオープンスペースとして存在しており、西欧のモニュメントのように都市の記憶を支えている。この寺社の存在によって人々が集まって住まう根拠（たとえば祭り）を示せれば、私たちの生活するこの都市を、「ワクフ」または「みんなの家」から帰納される非都市に変換できるのかもしれない。

「非都市」というユートピア

この提案は、大学の研究室のなかで検討している「どこにもない場所」の研究だ。この木造密集市街地の研究は、都市のなかにインフォーマルなコモンズという非都市を構想できるのかという、これからの都市の主題を提示するものである。木造密集市街地を生んだひとつの素因は、戦後の大地主解体によるバラック借地の所有権移転と言われているが、それは市民の権利を守るという思想からであった。しかし、時を同じくして建築基準法が措定され、道という最も身近なコモンズを国家の管理に移譲し、自動車のための空間に変えてしまい、街区の奥まで舗装をして自動車の侵入を許している。また、この道路法によって未接道宅地は不適格敷地として資産価値を剥奪されている。そう考えれば、私たちが暮らす都市内の住宅地は政治的空間であり、道路法とそれによって生み出された未接道宅地という問題は、市民の権利と同時に権力の抑圧が併存する「都市への権利」の最前線なのだ。

二〇世紀の都市は経済活動を支えるハードウエアとして構想されてきた。都市は生活の現場であり、住宅こそが都市の主役なのだが、その住宅はハウスメーカーの商品であったり、タワーマンションという不動産商品であることがあたりまえの社会である。二〇世紀にはル・コルビュジエの「輝く都市」「チャンディーガル」、ルシオ・コスタとオスカー・ニーマイヤーの「ブラジリア」、丹下健三の「東京1960」など、ユートピアとしての都市がプレゼンテーションされた。そのイメージの断片はレム・コールハースが「ジェネリックシティ」と呼ぶ無名性の都市風景を構成している。世界の都市は経済活動のための「現代都市」に改変され、都市は不動産商品の集積場となってしまった。

資本主義という拡張拡大を原理とする社会システムの不可能性が現実のものとなり、日本では二〇世紀には想像もしなかった人口減少の社会を迎えている。だからこそ、「現代都市」を批判する都市をいかように構想するのか。そんなことを考えながら槇の「アナザーユートピア」に導かれて書き進めてきた。東京の都市空間では巨大再開発のなかで容積緩和のための計画されたオープンスペースが登場しているが、ここで提案しているインフォーマルなコモンズとしての「ヴォイドインフラ」とは、住宅地のなかに自然《じねん》的に生まれる小さな空き地を手掛かりとする、自律した自発的な行為を誘導する都市へのアプローチである。人口が減衰する都市をいかようにデザインできるのか。ここで生まれるオープンスペースが連携されて「コモンズのネットワーク」の連鎖となるとき、それは、もうひとつのユートピアを表現しているのだと考えている。

7

誰のためのオープンスペースか?

平山洋介
Yosuke Hirayama

1958年、西宮市生まれ。神戸大学大学院人間発達環境学研究科教授。専門は住宅政策、都市計画。若者、女性、高齢者の住宅問題、社会変化と住宅所有、都市再生とパブリックスペースなどの研究に従事。著書に『住宅政策のどこが問題か』(光文社新書)、『都市の条件』(NTT出版)、Housing and Social Transition in Japan(共編著、Routledge)、Housing in Post-Growth Society(共著、Routledge)など。

ネオリベラル・シティ

オープンスペースのあり方から〝もう一つのユートピア〟を展望しようとする槇文彦の着想は、公園、広場、街路などのオープンスペースが公共空間として持続する力をもつ点に一つの根拠をもつと思われる。都市地域では、新しい建築がつぎつぎと建てられ、同時に、大量の建物が廃棄される。社会・経済の変化、金融の拡大と変動、人口・家族の変容、設計・デザインの潮流などが建築更新を加速し、都市は変化し続ける。この慌ただしさのなかで、オープンスペースは、都市の骨格として、安定した空間をつくってきた――たとえば、ワシントン・スクエア・パーク（ニューヨーク）、日比谷公園（東京）、ランブラス通り（バルセロナ）、ティーアガルテン（ベルリン）……。

都市の将来をオープンスペースから考えることは、その構想を民主社会の文脈に位置づける意味をもつ。都市は、さまざまな経済行為を支えるために、商品、雇用、金融などの市場を形成し、さらに、都市を構成する建物それ自体の多くが不動産として商品化し、市場での取引対象になる。これに比べ、多くのオープンスペースは、脱商品化した公共領域を構成し、人びとの憩いと交流のための空間を市場の外につくる。都市の民主社会とは、人間が多いうえに、一人ひとり違っていて、にもかかわらず、空間を共有する社会である。多数かつ多様な人たちにひとしく開かれ、共通の場をつくるところに、オープンスペースの役割がある。

しかし、小稿では、公共空間としてのオープンスペースの持続がけっして自明ではないことを述べる。新自由主義《ネオリベラリズム》のイデオロギーは、一九七〇年代から八〇年代にかけて、急速に台頭し、それ以来、多数の国の〝都市再生〟を促進し、そのあり方に影響した。新自由主義とは――その定義に関する込み入った論争に深入りせず、多くの論者におおむね共通する見方をとると――、資産私有と市場を制度フレームとし、そこでの人びとの競争と企業家精神の促進が経済進歩を達成すると断言する経済・政治イデオロギーである（e.g., Dardot and Laval, 2013 ; Davies, 2016 ; Harvey, 2005）。

先進諸国の大都市の多くは、一九七〇年代に工業の衰退、資本と雇用の流出、財政悪化に見舞われ、深刻な経済停滞に陥った。これに対し、資本主義のいっそうの広域化、グローバル経済の成長、金融市場のとてつもない拡大といった潮流のなかで、多数の国がネオリベラルの方針をとり、都市再生を一つの起爆剤とする新たな経済成長を追求した。それは、市場の規制を緩め、公共機関・資産を民営化する政策をともなった。経済の脱工業化につれて、金融・サービス・不動産・アミューズメント・観光産業が台頭し、「生産の場」であった都市は、「消費の場」に転換した。都市変化を特徴づけたのは、商品化と私有化、金融化、市場化であった。

ロンドン、ニューヨーク、東京などの大都市は、グローバル経済の結節点として「世界都市」化した。そこでは、ウォーターフロントの大規模な再開発が脱工業化のランドスケープを立ち上げ、都心の新しいメガコンプレックスは消費社会のゴージャスなスカイラインを描いた。建築規制はおどろくほど緩和され、そこに未曾有の金融緩和が重なることで、不動産バブルの発生・破綻が繰り返された。そのたびに、金融システムが壊れ、経済社会は混乱に陥った。しかし、成長刺激のために、バブルを回避するのではなく、むしろ創出し、再開発に投資を呼び込もうとする政策が続いた。

都市再生の喧噪のなかで、オープンスペースの安定は、きわだっている。しかし、ネオリベラルの都市改造は、空間の商品化を推進し、消費力をもつ人たちを重視する。ここでは、多数かつ多様な人たちに開かれ、市場の外に位置するという公共空間としてのオープンスペースの重要な特性は、持続するとは限らない。言いかえれば、オープンスペースから都市の将来を展望しようとするのであれば、その価値の安定を「当たり前」とみなすべきではない。問われているのは、都市をさらに商品化し、市場に差しだすのか、その公共空間としての側面を重視し、保全するのかについての社会の選択のあり方である。

ホームレスの人たち

ネオリベラルの都市政府がオープンスペースの美観と安全を重視するのは、消費・観光のための空間を整えることに関心をもっているからである（Boyer, 1993, 1995）。脱工業化した都市は、多くの生産機能を失い、その場所を「売る」ことで、消費・観光経済の拡大をめざす。一方、ロンドン、ニューヨーク、ロサンゼルスなど、欧米の大都市では、一九八〇年代からホームレスの人たちが急増した。大阪、東京、名古屋などの日本の大都市に路上生活者が現れ、増えたのは、一九九〇年代前半であった。都市の美観・安全を維持または向上させるために、公共空間に寝泊まりする〝ラフスリーパー〟を取り除くことが、二〇世紀末の都市政府の多くに共通する課題となった（Mitchell, 2003）。新自由主義の社会政策は、労働市場の規制を緩め、低賃金の不安定雇用を増やしたうえに、福祉施策を縮小し、その結果、住まいの安定を確保できないグループをつくりだした。ホームレスの人びとを増大させ、同時に、オープンスペースから引きはがそうとする矛盾した政策が、ネオリベラルの都市再生を特徴づける。

トンプキンス・スクエア・パークは、マンハッタンのロワー・イーストサイドに立地し、一九世紀半ばに整備されて以来、ニューヨークの社会、政治、文化の多様さを象徴する約四ヘクタールの空間をつくってきた（Abu-Lughod, 1994 ; Mele, 2000 ; Smith, 1992）。労働運動の集会場としての伝統をもち、サブカルチャーを担うビートニク（一九五〇年代）、ヒッピー（一九六〇年代）、パンク（一九七〇年代）がしばしば集った公園は、多彩な人種とエスニシティの人たちが交差する場であった。この公園に住みつくホームレスの人たちが一九八〇年代に増大した。そこにロックバンドの爆音、ドラッグ売買・使用が重なる状況から、市政府は、公園の夜間閉鎖方針を打ちだした。これに抗議する大規模なデモに向けて、警官隊が投入され、その暴力をともなう激しい〝ポリス・ライオット〟が一九八八年に発生した。これに続いて、警官が公園の住人を一掃し、ほとぼりがさめると住人が公園に「帰宅」するといういたちごっこが繰り返された。

　市政府は、一九九一年五月に公園を閉鎖し、大規模改修に取りかかった。住人のすべては立ち退かされた。トンプキンス・スクエア・パークは、一九九二年八月に夜間閉鎖の公園として再開した。改修工事から生まれたのは、公園全体を包囲するフェンス、明確な用途区分、子どもと保護者のみが使用できる鉄柵で囲われた遊び場、そして夜間閉鎖を宣言する看板であった。公園に対する警察の監視体制は強化された。新たな公園のランドスケープが示唆したのは、この公園は、いまでも公園――多様な人たちの自由なアクセスに開放された空間――といえるのかどうかという問いであった。

　大阪、東京などの日本の大都市では、一九九〇年代前半から、公園、駅舎、河川敷などに住む人たちが増え、彼らを立ち退かせることが、政策課題とされた。東京の新宿駅西口地下広場には、路上生活者と支援者がつくった「ダンボール村」があった。バブル経済の破綻によって、深刻な不況が続き、仕事を失った日雇い労働者たちは、都庁方面に向かう地下通路に一九九二年頃からダンボールハウスをつくりはじめた。東京都は、「動く歩道」を設置するという名目で、一九九六年一月にダンボールハウスの大がかりな強制排除を実施した。これに対し、支援者と住人たちは、ダンボールハウスをふたたびつくり、その「村」を出現させた。ダンボールハウスは増え続け、西口地下広場全体に広がった。住人は三〇〇人ほどまでに増えた。オープンスペースに出現した「コミュニティ」は、一九九八年二月の火災発生まで存続した。

ネオリベラルのイデオロギーのもとで、貧困対策は後退した。その枠組みの範囲内で、自治体は、二〇〇二年に制定された「ホームレスの自立の支援等に関する特別措置法」にもとづき、路上生活者を自立支援センターに入所させる施策などを少しずつ講じた。一方、オープンスペースから住人を排除する施策は、着実に進んだ。政府は、一九九〇年代末から都市再生政策を拡大し、都市の美観・安全を重視する方針をより明確に打ちだした（Hirayama, 2017）。そのなかで、公共空間の〝正常化〟がいっそう重視された。厚生労働省の調査によれば、「都市公園、河川、道路、駅舎その他の施設を故なく起居の場所とし、日常生活を営んでいる者」は、二〇〇三年では二万五二九六人であったのに対し、二〇一〇年では一万三一二四人、二〇一五年には六五四一人に減った。

公共空間を民営化する

都市再生に向けて、オープンスペースをコントロールしようとする政策は、ホームレスの人たちを取り除く段階から、維持・管理を〝民営化〟し、美観・安全のさらなる向上をめざす段階に入った。マンハッタンの四〇〜四二丁目に位置する三・九haのブライアント・パークは、民営化によって変質した公共空間の事例である。この公園は、一九七〇年代末までに、ホームレスの人たちが住み、ドラッグの売買・使用、暴力と殺人、売買春などがみられる荒廃した場所になった。これに対し、ロックフェラー兄弟基金の資金提供にもとづき、民間非営利団体のブライアント・パーク再生機構が一九八〇年に結成された。公園を含む地区は一九八六年にＢＩＤ（Business Improvement District）に指定され、再生機構はその運営組織となった。おもに商業・業務地区であるＢＩＤでは、不動産所有者に財産税への上乗せとして「賦課金」が課せられ、それと同額の資金が市政府からＢＩＤに渡される。事業収入と「賦課金」を活動資金とするＢＩＤのモデルは、一九七〇年代から八〇年代にかけて、多くの都市に波及した。ニューヨーク市では、二〇一六年時点で七二のＢＩＤがある。

ブライアント・パーク再生機構は、一九八八〜九二年に公園の大規模な改修事業を手がけ、劇的な再生をもたらした。しかし、民間のコミュニティグループが公共空間をコントロールすることは、「この公園は誰のものなのか」という排除と包摂に関する問いを生んだ（Zukin, 1995）。公園再生のためのデザインは、「物的デザイン」の工夫だけではなく、社会学者のウィリアム・Ｈ・ホワイトが開発した「社会デザイン」にもとづいた。ホワイトは、公園をより魅力的にデザインすることで、より多くの「ノーマル」なグループを引きつけると同時に、「望ましくない」人たちを排斥し、その結果、より安全で快適な環境を得られると考えていた。

ブライアント・パークは、グラウンドレベルが周囲より高く、フェンスと生け垣に囲まれ、街路から隔絶されていた。周辺の人たちは、公園で何が起こっているのかが見えないため、そこに入ることをためらった。それが公園でのドラッグ売買などを促進した。公園の改修事業では、グラウンドレベルが周囲の街路より下げられ、フェンス・生け垣は撤去された。見通しのよくなった公園は、利用者に安心感を与えた。改修によって、遊歩道と花壇、中心部の芝生エリア、カプチーノとサンドイッチを販売する店舗が設けられ、レストランとカフェがオープンした。さらに、さまざまなエンターテイメントが提供された。安全の確保は、重要課題であった。再生機構は、自身の保安員を雇用すると同時に、ニューヨーク市警から警察官の派遣を得た。

再生したブライアント・パークは、おもに白人の中産階級が憩う場を形成した。平日昼間のブライアント・パークでは、周囲のオフィスに勤めるファッショナブルな人たちが昼食をとる光景がみられる。一方、少し離れた別の公園は、身なりがあまりよくないマイノリティの人たちが集まる場となった。ブライアント・パークの美しい芝生、入念なデザインと秩序、なごやかな昼食のランドスケープ、警官・保安員のプレゼンスなどは、ニューヨークの階層・人種・エスニシティの多様さを整理・把握したうえで、受け入れるメンバーを選別する役割をはたし、ホームレスの人たちがかつて住んでいたことの想起さえ困難にした。

ブライアント・パーク再生機構は、公共空間から収益を上げる民間の富裕団体となった。その収入は、二〇〇〇年頃から二〇一〇年代半ばにかけて、四倍以上に増えた。イベント収入、スポンサー収入、レストラン・カフェ賃料などの事業収入が増加し、総収入に占める「賦課金」の割合は一割程度にまで下がった。ネオリベラルの労働政策は、雇用市場の規制を緩和し、低賃金の不安定就労を増やした。市政府が公園管理のために雇うのは、労働組合のメンバーであった。民間のブライアント・パーク再生機構は、非組合員を低賃金で雇い、人件費を節約した（Zukin, 1995）。

ブライアント・パークの整備は、ニューヨークの都市再生の重要な一環となった。再生機構は、安全な環境をつくり、訪れる人たちにエンターテイメントなどを提供するだけではなく、近隣の不動産価値を上げることをミッションとした。公園周辺のオフィスビルでは、大企業の入居が増え、空き家率が減少し、賃料は上昇した。

ブライアント・パークの再生は、幅広い賞賛を受けてきた。そのランドスケープデザインは、美観と安全に関し、優れた結果をもたらした。日本では、ブライアント・パーク再生機構などのＢＩＤ団体の成功が幾度となく紹介された。しかし、オープンスペースを民営化し、それによって収益を増やし、私有不動産の価値保全をめざす政策は、「誰が、誰のために、何のために、公共空間を、どう利用すべきか」をあらためて問う必要を示唆した。ブライアント・パークを昼食時におとずれると、たくさんの人たちがサンドイッチを楽しむ様子から、改修事業と維持・管理の成功が感じられる。しかし、この再生が公共空間の位置づけと役割をどのように変化させたのかを考察するには、公園にいる人たちをみるだけではなく、「公園にいないのは誰なのか」を想像し、調べることが必要になる。

公園管理から収益事業へ

日本では、オープンスペースからより大規模な収益を引きだそうとする手法が発達した。その先進例として、大阪市は、大阪城公園ＰＭＯ（Park Management Organization）事業を二〇一五年に開始した。公園などの公的施設の管理に関する指定管理者制度では、地方公共団体が指定管理者に業務代行料を供与する。これに比べ、ＰＭＯ事業では、業務代行料の支払いはなく、逆に、事業者が公的施設を使って収益を上げ、市に納付金を支払う。この事業のもとでの大阪城公園は、公共空間であるよりは、むしろ収益不動産である。

大阪市は、大阪府とともに「大阪都市魅力創造戦略」を二〇一二年に策定し、民間活力を重視する考え方を示したうえで、大阪城公園を含むエリアを世界第一級の文化観光拠点形成の重点エリアとして位置づけた。大阪城公園は、緑と水が豊かな一〇五haを超える都市公園で、同時に、特別史跡大坂城跡として維持されてきた。この空間は、立地、規模、環境などからみて、収益事業を成立させ、拡大する潜在力をもつとみなされた。

大阪城公園では、ブルーテントが立ち並ぶランドスケープが一九九〇年代に形成された。大阪市は全国で最もホームレスの人たちが多い自治体で、そのなかで、大阪城公園はとくに多数の野宿者が集まる場となった。大阪市は、野宿者を自立支援センターに誘導し、公園から立ち退かせようとしてきた。都市再生をめざす大阪市にとって、公共空間からブルーテントを取り払い、ホームレスの人たちを遠ざけたままにしておくことは、文化観光拠点をつくるために必須となった。

西の丸庭園内に立地し、無料休憩所として使われていた「大阪迎賓館」は、予約制高級レストラン、結婚披露宴会場などとして改修され、二〇一六年にオープンした。本丸広場の「旧第四師団司令部庁舎」(旧大阪市立博物館)は、飲食店、物販店、カフェなどの消費複合施設に転換され、二〇一七年に営業がはじまった。同年、新規建設の建物として、駅近くに立地し、飲食店、物販店、ランナーサポート施設、インフォメーションなどを備える施設が開業した。大阪城公園に増えたのは、もっぱら消費者・ツーリスト向け有料施設であった。加えて、新たな事業展開として、三つの劇場の建設が進んでいる。

PMO事業は成功したと評価された。大阪城天守閣への入場者数は増え、とくに有料人数が増加した。大阪城公園全体への来園者数も増大した。海外からのツーリストの増加が来園者数の伸びを支えた。大阪市にとって、大阪城公園は、管理運営費の支出を必要とする空間から納付金収入を得られる空間に転換した。事業評価のために、集客と収入の指標を重視することは、民間活力と観光産業を重視する市の政策方針を反映し、評価者が大阪城公園を消費者とツーリストを呼び込む収益不動産とみなしていることとを示唆する。

大阪城公園を消費・観光施設ではなく、依然として公共空間を形成しているとみるのであれば、ＰＭＯ事業に対する異なる評価がありえる。消費施設の整備によって、大量の樹木が伐採された。新たな劇場建設は、広い森を消失させる。ＰＭＯ事業がはじまって以来、二〇一七年度までの植樹はゼロであった。公園内のお花見・バーベキューは期間・場所を制限されたうえに、有料化し、完全予約制となった。公園に消費施設が増えるにつれて、テイクアウトなどのゴミの排出量が増大した。大阪城公園では、無料で憩える場所と樹木が減り続け、消費者・ツーリスト以外の人たちは、歓迎されなくなった。

オープンスペースを民間企業および自治体の収益源として利用する政策が展開したのは、大阪城公園だけではない。たとえば、東京都渋谷区は、一ha強の宮下公園を、渋谷駅中心地区の再開発に関連づけ、二〇二〇年東京オリンピック・パラリンピックを迎えるにふさわしい空間として整備するという名目で、公募型プロポーザルを実施し、二〇一四年に三井不動産株式会社を事業者に選んだ。ディベロッパーはホテル・商業施設を建設して収益を上げ、渋谷区は借地料を得る。天王寺公園では、先述した「大阪都市魅力創造戦略」のもとで、近鉄不動産株式会社が約二・五haのエントランスエリアの整備と管理・運営を担っている。このエリアでは、芝生広場の周囲にカフェ、レストラン、フットサルコート、子どもの遊び場、総合ペットサービスなどの有料施設が配置された。公園での広告掲出は、都市公園法などによって、禁じられている。市は、条例を改正し、広告掲出を可能にした。宮下公園と天王寺公園エントランスエリアは、ディベロッパーと自治体の収入源として整備された点で、同質の事例である。両公園は、大阪城公園の場合と同様に、ホームレスの人たちの排除が課題とされ、自治体と野宿・支援者がしばしば衝突した経緯をもつ。野宿者対策の果てに、民営化公園は、収益不動産に転化し、都市再生の中心要素となった。

都市再生の果てに

新自由主義の政策は、企業モデルを企業以外の領域にあてはめる運動をともなう。そこでは、収益の増大に価値が置かれ、経済刺激の手段として、市場での競争と消費者評価が重視される。社会保障、医療、教育、福祉などは、市場の外に配置され、脱商品化した領域をつくっていた。しかし、ネオリベラルの時代では、個人年金の市場が拡大し、福祉は企業が販売する商品となった。大学研究者の多くは、研究市場での自己の商品価値を維持するために、毎年度の業績評価で好成績をおさめる必要に迫られ、短期間で成果の上がりそうなテーマを選び、長い年数を必要とする学問に打ち込むことをあきらめた。義務教育の領域でさえ、学校は競争関係に置かれ、消費者としての生徒と保護者から評価を受ける。

新自由主義の論理は、都市再生政策に影響した。脱工業化した大都市は、消費と観光の場として、自身を商品化し、「販売」することで、都市間競争に勝ち残ろうとする。述べてきたように、市場の外に配置され、脱商品化した公共空間をつくっていたオープンスペースでさえ、民営化され、収益源となった。公園のあり方を形成するのは、所有・管理者である自治体と利用者である市民の関係であった。この関係は、民営化した公園では、収益を追求する私企業と消費者・ツーリストの関係に置き換わった。

一方、地方の小都市は、人口減少・高齢化、資本流出、雇用減少に直面する状況にある。ここでのオープンスペースは収益力をもちえず、したがって民営化されず、公共管理のもとに置かれたままである。

しかし、地方公共団体の財政危機は深刻さの度合いを増し、公園、街路などの維持・管理はより困難になった。知られているように、ネオリベラルの地域政策は、「選択と集中」を重視する。それは、収益力を備える「世界都市」の再開発にとくに力点を置き、競争力をもたない地方都市に対する資源配分を減らした。

オープンスペースのあり方から都市の将来を構想しようとするとき、その公共空間としての持続がけっして自明ではないことを認識する必要がある。大都市のオープンスペースは商品化の圧力にさらされ、他方、小都市の公共空間の適切な修繕は、財政難のために、いっそう難しくなる。都市とは、多数の人たちが、一人ひとり異なるにもかかわらず、同じ空間を共有する民主社会である。この社会は、消費者とツーリストだけではなく、騒がしいイベントに興味をもたない高齢者、休憩の場を必要とする疲れたセールスマン、豊かな緑に囲まれて静かにくつろぎたい人たち、混雑を避ける必要のある妊婦、高級レストランに縁のない消費力の低い人たち……などの多様な人びとから構成される。都市の民主社会を物的に支えているところに、公共空間としてのオープンスペースの価値がある。この空間を無造作に商品化し、「売る」ことの愚かさを知らねばならない。都市のオープンスペースは、無条件に存続するのではなく、その価値を、社会の選択と意志にもとづいて保全し、安定させることが、重要な課題になる。

参考文献

Abu-Lughod, J. L. (ed.), *From Urban Village to East Village: The Battle for New York's Lower East Side*, Oxford: Blackwell, 1994.
Boyer, M. C., The city of illusion: New York's public spaces. In P. L. Knox (ed.), *The Restless Urban Landscape*, Englewood Cliffs: Prentice-

Hall, 1993, pp. 111-126.

Boyer, M. C., The great frame-up: Fantastic appearances in contemporary spatial politics. In H. Liggett, and D. C. Perry (eds.), *Spatial Practices*, Thousand Oaks: Sage Publications, 1995, pp. 81-109.

Dardot P. and Lavel C., *The New Way of the World: On Neoliberal Society*, London: Verso, 2013.

Davies, W., *The Limits of Neoliberalism: Authority, Sovereignty and the Logic of Competition*, Thousand Oaks: SAGE Publications, 2016.

Harvey, D., *A Briet History of Neoliberalism*, Oxford: Oxford University Press, 2005.

Hirayama, Y., Selling the Tokyo sky: Urban regeneration and luxury housing, in Forrest, R., Koh, S. Y. and Wissink, B.(eds.) *Cities and the Super-Rich: Real Estate, Elite Practices and Urban Political Economies*, Hampshire: Palgrave Macmillan, 2017, pp. 189-208.

Mele, C., *Selling the Lower East Side: Culture, Real Estate, and Resistance in New York City*, Minneapolis: University of Minnesota Press, 2000.

Mitchell, D., *The Right to the City: Social Justice and the Fight for Public Space*, New York: The Guilford Press, 2003.

Smith, N., New city, new frontier: The Lower East Side as wild, wild west. In M. Sorkin (ed.), *Variations on a Theme Park: The New American City and the End of Public Space*, New York: Hill and Wang, 1992, pp. 61-93.

Zukin, S., *The Cultures of Cities*, Oxford: Blackwell publishing, 1995.

8

法の余白、都市の余白
——都市のリーガルデザイン

水野祐
Tasuku Mizuno

1981年、神奈川県生まれ。法律家・弁護士（シティライツ法律事務所）。Arts and Law理事。Creative Commons Japan理事。慶應義塾大学SFC研究所上席所員。法によるイノベーションの促進を図る「リーガルデザイン」を提唱し、アート、デザイン、テクノロジー、まちづくり分野のビジネスや文化を促進する環境構築に注力している。著書に『法のデザイン』（フィルムアート社）。

1——法の余白とリーガルデザイン

法令、判例、契約といった「法」は私たちの社会のOS（オペレーションシステム）の一つである。★1 もちろん、建築や都市にとっても欠かせないOSである。にもかかわらず、建築家や都市計画家が法の存在や内容について踏み込んで言及する機会は多くない。いわゆる建築・都市論において、法はその存在をほとんど無視され続けてきたように思われる。★2 その一方で、建築・都市分野の実務者にとって「法規」が時に設計・デザイン論よりも身近でかつプラクティカルな課題となることについて異論は少ないであろう。いま筆者はここであえて「法規」という言葉を使用したが、建築・都市関係者は法のことを「法規」と呼ぶ慣行がある。これは「法令」と「規則」あるいは「規制」の短縮形だと思われるが、ここには建築・都市関係者が法を「規制」と捉える無意識が端的に表象されている。建築・都市関係者の間では、法がステークホルダーの表現や行動の自由を規制・阻害するものであるという一般的認識が共有されている。このような認識は何も建築・都市分野に限ったものではなく、医療、金融等、行政による後見的な介入が強い分野を中心に、広く日本社会に浸透している。

しかし、法の役割は規制のみではない。たしかに、人の生命・身体や財産を守るための規制は法の重要な役割であることは否定できないが、法を上手に設計・デザインしたり、解釈したりすれば、個人や企業、そして様々な事業や文化を促進し、加速する滑走路や潤滑油のような役割を担える。特に、高度に情報化が進んだ現代社会において、社会の実態の進度とそれを後追いする法との乖離が加速度的に広がる中で、実態と法との「ゆらぎ」は大きくなっており、法の解釈の可能性や工夫の余地も広がっている。筆者はこのような発想群を「リーガルデザイン」と呼んでいる。立法者は法にいかに有益な余白をプリセットし、法の利用者（私たちのことであるが）がそこに潜む「余白」をいかに発見し、創造的に解釈し、使いこなすか、がここでは肝要になる。[★3]

近年、「タクティカルアーバニズム」というボトムアップ型の都市計画論が提唱されているが、その一つとして、公道である歩道にテーブルやベンチなどを置いて利活用する「パークレット」と呼ばれるアイデアが注目されている。道路の利用には道路交通法により道路管理者（多くの場合、自治体）の道路占有許可や所轄警察署の道路使用許可が必要になるのだが、後者の警察による許可のハードルは高く、計画が頓挫することも多い。しかし、建築物と車道の間の歩道の幅に余裕があれば、その一部を「広場」に用途変更したうえで、警察ではなく自治体に管理権限を移すことができ、道路（歩道）の柔軟な利活用が可能になる。[★4] この手法は法制度上「道路」を「広場」と読み替えることにより、公共空間の可能性を引き出す。法制度のクリエイティブな解釈や読み替えには、建築・都市分野の実務者が見ている風景を一変させてしまうような可能性が潜在しているのである。

このようなリーガルデザインの前提となる法の余白とは、どのようなものなのか。建築や都市の設計において法の余白はどのように寄与できるのか。本稿では、「オープンスペースから建築・都市の在り方を捉え直す」というテーマを、都市や社会のOSたる「法」のオープンスペース＝余白に敷衍した。そのうえで、法の余白を、①法令自体すなわち規定に存在する余白、②法解釈の余白、③契約による余白という三つのカテゴリーに分類することで、その可能性を探求するものである。[★5]

2——法令自体（規定）の余白

法令（議会が制定する法律や行政機関が制定する命令から成る）には、実は、ほぼ一つの例外もなく、規定自体に余白が用意されている。代表的には、「例外規定」や「適用除外規定」といったものがある。たとえば、建築基準法で一番最初に出てくる例外規定をみてみよう。

> 第二条（用語の定義）第一項
> 六　延焼のおそれのある部分　隣地境界線、道路中心線又は同一敷地内の二以上の建築物（延べ面積の合計が五百平方メートル以内の建築物は、一の建築物とみなす。）相互の外壁間の中心線から、一階にあつては三メートル以下、二階以上にあつては五メートル以下の距離にある建築物の部分をいう。ただし、防火上有効な公園、広場、川等の空地若しくは水面又は耐火構造の壁その他これらに類するものに面する部分を除く。

二条一項六号の「ただし」以降の文章（「但し書」と呼ばれる）は、それ以前の文章（「柱書」と呼ばれる）部分の例外として「延焼のおそれのある部分」に該当しない場合について規定している。

例外規定には、このような但し書以外にも、たとえば次のような定め方もある。九条（違反建築物に対する措置）七項は、その前の五項に定めている違反建築物に関する事前通知・広告の手続きを「緊急の必要がある場合」に例外的に適用しない旨を規定している。

第九条（違反建築物に対する措置）**第七項**
特定行政庁は、緊急の必要がある場合においては、前五項の規定にかかわらず、これらに定める手続によらないで、仮に、使用禁止又は使用制限の命令をすることができる。

一方で、適用除外規定は次のようなものである。たとえば、建築基準法三条は、規定のタイトルからしてもそのままで、既存不適格建築物、文化財建築物、保護建築物、簡易構造建築物、仮設建築物などの建築物について、建築基準法の一部または全部の適用を除外する、という重要な規定である。

第三条（適用の除外）
この法律並びにこれに基づく命令及び条例の規定は、次の各号のいずれかに該当する建築物については、適用しない。

ただ、適用除外規定はこのように条文のタイトルに明示されているものだけではない。たとえば、いわゆる「規制緩和規定」も適用除外規定の一つである。建築基準法八四条の二（簡易な建築物に対する制限の緩和）、八五条（仮設建築物に対する制限の緩和）、「一敷地一建築物」という建築基準法の大原則を緩める一団地認定・連担建築物認定制度（建築基準法八六条及び八六条の六）などは建築基準法内に定められた規制緩和規定であり、適用除外規定とも言える。また、近年、空き家等のリフォーム・リノベーションの用途変更において注目されることの多い、建築確認申請が不要となるケース、すなわち、①新しい用途が「特殊建築物」（建築基準法二条二項）に該当しない場合、②新旧の用途が「類似用途」（建築基準法施行令一三七条の一八）に該当する場合、③用途変更部分が一〇〇㎡（ただし、法改正により二〇〇㎡に変更された★6（八七条一項、六条一項一号））などもわかりやすい法令自体に存在する余白の具体例である。

読者の中には、「法令に余白がある」と聞くと意外に思われる方もいるかもしれない。だが、法令は期間、地域、対象を限定とした特別法でない限り、国民全体に一律、均質に適用される一般性を有している。そのため、個別具体的な事案において柔軟な適用ができるよう、法令内にアドホックな仕組みを担保しておく必要がある。また、法改正には時間がかかるため、ある程度、時代の変化に対応できるような柔軟性を有している必要もある。そのため、例外規定や適用除外規定のような余白があらかじめ用意されていることは、ある意味、法令の性質上当然と言える。

だが、建築・都市分野においては、行政にも利用者にも「法規」という言葉に代表される硬直的な固定観念と、悪しき前例主義がはびこっているため、法令自体に存在する余白に意識がいかないこともある。たとえば、建築基準法四八条（用途地域等）は都市計画法により定められている用途地域に建築可能あるいは不可能な建築物について規定しているが、「ただし、特定行政庁が……良好な住居の環境を害するおそれがないと認め、又は公益上やむを得ないと認めて許可した場合においては、この限りでない」等と行政の裁量による例外を認める規定が存在している。それにもかかわらず、この例外規定が活用される機会は多くない。このような法令自体に存在する余白に注目して柔軟な運用を促していく可能性は常に開かれていることを、ここで改めて指摘しておきたい。

3——法解釈の余白

(1) 法解釈とリーガルデザイン

法令には、その規定自体に存在する余白の他に、その法令を適用する際に行われる法解釈にも余白が存在する。法解釈とは何か。法令をある認定された事実に適用するためには、その事実が法令の規定している文言や条件に該当するか否かの解釈を必要とする。

たとえば、その建築物が「仮設建築物」（建築基準法八五条五項）に該当するか否かについて「当該仮設物の規模、用途、存続期間に応じた安全上、防火上、衛生上支障がない計画であること」という仮設許可の基準が定められているが、安全上、防火上、衛生上「支障がない」か否かは文言上にわかには明らかではない。ここに法解釈の余白がある。

法解釈には、条文の文言の書きぶりから形式的に行う「文理解釈」「反対解釈」「拡張解釈」「縮小解釈」と、条文の文言の書きぶりを超えて実質的な観点から行う「立法者意思解釈」「目的論的解釈」などがあると言われている。法解釈は、法の形式的・実質的な観点から余白を発見し、利活用する所為にほかならない。弁護士や建築士を含む法律家は、このような法解釈のプロフェッショナルと言える。

法解釈による余白は、規定に明確に書いていないことから、しばしば裁判で争われる。ここでは、いわゆる「二項道路」に関する判例をみてみよう。本来は建物の敷地は幅員四m以上の道路に接している必要があり、その要件を満たさないと建築は認められないが、「都市計画の策定時から存在して、建築物が立ち並んでいる、幅員が一・八m以上四m未満の道路」（建築基準法四二条二項）である「二項道路」については、原則として道路の中心線から水平距離二m後退（セットバック）した線を道路の境界線とみなすことができる。しかし、この「建物が立ち並んでいる」という文言は曖昧であり、その解釈には争いがある。[★7]この文言をめぐってその解釈が最高裁まで争われたことがある。具体的には、幅員四m未満の道のうち一方の端から特定の地点までの部分には現に建築物が立ち並んでいたが、同地点から他方の端までの部分には建築物が存在しなかった事例において、後者の部分が「建築物が立ち並んでいる」道に該当しないと最高裁は判断した。[★8]

また、法令の解釈の前提となる「事実認定」に余白が生じる場合もある。つまり、実際に存在していた「生の事実」と、当事者や行政、裁判所が認定する事実はそれぞれ異なる。法の解釈・適用の前提として私たちはまず事実を確定しなければならない。先の「二項道路」の事例で言えば、当該道路が「幅員が一・八m以上四m未満」か否かは客観的に決まってくるように思われるが、計測手法によって異なってくるケースもあるし、また、過去の特定の時点での道路の幅員が問題になっているケースで、すでに道路の形状が変わっている場合には、登記や図面、建築確認申請書類、そして写真などで判断することもある。[★9]このように、事実をどう捉え、確定するのか、においても余白が存在するのであり、時に法令の文言の解釈よりも大きな余白を生み出すこともある。

(2) 法解釈の担い手はだれか

以上みてきてお察しのとおり、法解釈の余白は法文が意識的に、あるいは無意識的に曖昧な文言で規定している部分に宿りやすい。リーガルデザインはこのような法令の文言に着目することを端緒とする。

法解釈において重要な認識は、最終的な法令の解釈を決定する権限は司法、すなわち、裁判所にあり、行政にはないという点である。建築・都市等の規制が強い分野においては、通達や告示といった行政の解釈や運用がまるで法令の一部のように扱われるが、これは法学的な観点からは正しくない。しかしながら、行政が示す解釈と異なる解釈で進めるためには、時に行政訴訟等の裁判の場で争わなければならず、経済的にも精神的にも莫大なコストがかかる。そのため、現実的には行政と異なる解釈を採用することは難しい。

一方で、行政が自ら解釈による余白を認めている例もある。これらは行政通達という形で示されていることが多い。いわゆる「ロフト」という空間に関する一例を挙げれば、床面積は「建築物の各階またはその一部で壁その他の区画の中心線で囲まれた部分の水平投影面積による」と定められているが（建築基準法施行令二条一項三号）、小屋裏、天井裏その他これらに類する部分に物置等がある場合（いわゆるロフトと呼ばれる空間になることが多い）、当該物置等の高さが一・四m以下で、かつ、その水平投影面積がその存在する部分の床面積の二分の一未満であれば、当該部分については「階」として取り扱わず、当該部分は床面積に算入しない、とする通達がある（平成一二年六月一日建設省住指発六八二号）。用途は収納に限定されるが（建築物全体の用途は特定されない）、行政が解釈による余白の存在を認めている一例と言える。

(3) 目的規定（第一条）の重要性

すでに述べたとおり、法令の規定はアドホシズムを確保する観点からあえて曖昧な文言で書かれており、文言から一義的にその解釈が導かれないことも多い。その際に、法令はそもそも一定の意図や目的をもって作られているわけであるから、その意図や目的に沿って合理的に解釈されるべきという要請が生まれる。これが「立法者意思解釈」や「目的論的解釈」と呼ばれるものである。

近年では当該法令の立法担当者（当該法令を所管する行政）による詳細な解説が付されていることが多いが、リーガルデザインの観点からより重要なのは当該法律の第一条に規定されている目的規定である。この目的規定には「その法律がなぜ必要なのか」が記されており、立法趣旨が端的に示されている。リーガルデザインにおいては、この目的規定に定められている立法趣旨に遡って法解釈を検討する作業が欠かせない。たとえば、建築基準法は第一条で次のように定めている。

（目的）
第一条　この法律は、建築物の敷地、構造、設備及び用途に関する最低の基準を定めて、国民の生命、健康及び財産の保護を図り、もつて公共の福祉の増進に資することを目的とする。

この規定からすれば、建築基準法の文言は「最低の基準」を定めるものであり、「国民の生命、健康及び財産の保護を図り、公共の福祉の増資に資する」方向で解釈されるべきであるということになる。逆に言うと、時代や社会情勢の変化により、このような方向に資さない従前の法解釈は常に否定される可能性を孕んでいる。目的規定は法解釈をアップデートするためにプリセットされた装置なのである。

4――契約による余白

法と言えば、法律や条例などの法令を思い起こす人も多いが、実社会では私人同士が当事者間で合意した「契約」の方が重要な役割を果たすことも多い。契約内容について法令と異なる事項を定めてはいけないイメージがあるかもしれないが、契約は法令に優先し、法令と異なることを自由に定めてよい、というのが原則である。法令と異なる独自の約束事に法的拘束力を持たせたい場合に利用するのが契約であり、契約は当事者間で自由にデザインすることが可能である（これを「契約自由の原則」と言う）。

とはいえ、あらゆる事項を自由にデザインできるわけではない。「強行規定」と言って当事者間の契約によって上書きできない法令もある。逆に、「任意規定」は、契約次第で上書きできるルールであり、法令に潜在する余白と評価することもできる（ただし、契約がなければ「任意規定」で定められたルールが適用されるため、余白が成立するためには契約が必要だ）。したがって、法令と異なるルールを生み出したい場合、対象となる法令が契約により上書きできる「任意規定」なのか、上書きできない「強行規定」なのかを見極める作業が欠かせない。

契約による余白の創出の好例として、著作権に関する分野における「クリエイティブコモンズ」がある。作品を生み出したクリエイターとその作品を利用するユーザーとの契約により、著作権法という法令に定められた硬直的なルールとは異なる柔軟なルールで運用する仕組みである。

建築・都市分野を規律する法令は、人の生命・身体の保護を目的とする規定が多いため、強行規定が多いと言われている。したがって、クリエイティブコモンズのように、契約により法令をオーバーライドするルールを作りにくい環境にあるという諦念があるように思われる。[★10] しかし、建築基準法・消防法をはじめ、建築・都市関連法令が本当に「強行規定」ばかりなのか、という検討は未だ十分になされていないと私は認識している。

現に、共同企業体（JV）契約などにおいては、契約による柔軟な取り組みが大きな役割を果たしてきた。また、昨今の公共空間の再編の流れの中で、公園、道路、河川、図書館などの公共空間の柔軟な利活用を実現するための規制緩和や、PPP／PFIといった公官民連携の仕組みに関する実践において、官民や民民での契約が果たしている役割は大きい。ここでは、公共空間に関する公募条件から、行政と管理者、民間との協定、土地所有者同士の建築協定、BIDと呼ばれるエリアマネジメントに至るまで、様々な契約の形態が試行錯誤の末に生み出されてきている。たとえば、「立地誘導促進施設協定制度」として改正都市再生特別措置法に盛り込まれた「コモンズ協定」という仕組みがある。空き地や空き家等の低未利用地が時間的・空間的にランダムに発生する「都市のスポンジ化」が進行する中で、生活利便性の低下、治安・景観の悪化、地域の魅力が失われる等の支障が生じる課題に対し、これらの空間を活用するために地権者が協定（契約）を締結することで、低未利用地という余白の利用を促すスキームである。[★11]このように、優れた公官民連携プロジェクトの背後には、優れた契約の発明があると言っても過言ではないだろう。

5——小括

建築・都市は、法令や法解釈、判例、契約といった法に潜在する様々なレイヤー（位層）におけるオープンスペース＝余白のうえに成立している。筆者は、優れた事業やサービス、カルチャーの背後には優れたリーガルデザインが存在していることを信じて疑わない者であるが、これは優れた建築・都市分野の取り組みにもあてはまるのではないだろうか。たとえば、本書の序論で真壁智治が挙げている事例を建築・都市分野におけるリーガルデザインの「標本」として見立てることも可能ではないか、と筆者は考える。

最後に、本稿に予想される二つの指摘について、あらかじめ触れておきたい。

一つ目は、ここまで言及してきた法の余白は、建築・都市の実務者にとっては日常的かつ基本的な知識であり、新規性は感じられないという点である。この指摘は正しい。しかし、本稿の狙いは法の余白に関する事例集、すなわち知識の教授ではなく、視点や視野の提案である。ゆえに、あえて基本的な条文の読み方や法解釈の説明に留めている。さらに言えば、リーガルデザインは、単なる知識や法律家だけでは生み出せない。個別の現場において課題に直面し、取り組んでいる実務者との議論や協働の末にしか産み落とされないものである。リーガルデザインの思想は、法律家の能力を過大評価するものではなく（むしろ法律家単体の限界を重視している）、挑戦する実務者と法律家の協働に主眼がある点を誤読しないでいただきたい。

二つ目は、法解釈の決定権限が裁判所にあるとはいえ、現実的に行政と解釈・運用の判断を争うことは難しく、リーガルデザインは絵に描いた餅なのではないか、という指摘である。

たしかに、建築・都市の実務者であるほど、行政の告示・通達の「重み」をよく知っている。しかしながら、この点についても「風向き」が変わってきていることを認識すべきである。社会環境の変化が激しい昨今、行政も民間と同様の課題意識を有していることも多く、その課題解決のためのアイデアを求めている。たとえば法改正の際に頻繁に民間にヒアリングをかけたり、行政が行う公募プロセスにおいても「サウンディング」と呼ばれる民間提案制度も増えている。[★12] 重要なことは、このような行政の態度変化は法解釈の場面でも妥当する、ということである。これまで法解釈は「お上」に委ねる、つまり行政任せという態度が多く見られたが、現場のニーズや意見を法律的なロジックも添えて提案すれば

（ここが実は大事な点なのだが）、裁判所まで争わずとも、行政も聞く耳を持ち、法解釈の柔軟化や新しい制度設計について議論を交わすことができる。[★13] リーガルデザインは、このような民間側からのボトムアップ型のルール形成を志向するものであり、冒頭で挙げた「タクティカルアーバニズム」はリーガルデザインと軌を一にする思考とも理解できる。

さらに言えば、私たちが規制を捉える「まなざし」を修正していかなければならない。すなわち、実態と法の境界にある余白、すなわち「グレーゾーン」にこそ、現代社会が抱える課題がわかりやすい形で表出する。日本ではグレーゾーンと言うと、脱法的なものとしてネガティブに捉えられがちである。だが、その課題に正面から立ち向かうことは現代社会が抱える社会課題に直截に取り組むことにほかならない。行政を含む建築・都市のステークホルダーがこのような「まなざし」を獲得し、その「まなざし」で建築や都市を眺めることで生まれてくる景色はどのようなものだろうか。

建築・都市の利用者である私たち市民も含む建築・都市のステークホルダーが、日々の具体的な案件において、法に潜在するオープンスペース＝余白を意識・咀嚼し、それに対する工夫や提言を繰り返すことで、建築・都市の別様の可能性が浮かび上がる。本稿がそのささやかな契機となることを望む。

★1 吉村靖孝『超合法建築図鑑』（彰国社、二〇〇六年）は、建築基準関係法令により歪められた建築物を蒐集し、建築や都市の構造を解読（デコード）することにより、法が建築や都市のOSであることを提示した例である。

★2 例外もある。木村草太、山本理顕「建築家・法律家からの専門技術者としての忠告」、木村草太、駒村圭吾、山本理顕「公共空間を考える——技術者として法を語る」（いずれも『法学セミナー』二〇一六年二月号）など。

★3 拙著『法のデザイン――創造性とイノベーションは法によって加速する』フィルムアート社、二〇一七年参照。

★4 この手法を利用した場合の接道義務については、西村浩氏（建築家、株式会社ワークヴィジョンズ代表取締役）のインタビュー記事（http://www.rules.jp/detail.php?id=15）参照。なお、道路占有許可を弾力的に運用する道路占有許可特例制度については、http://www.mlit.go.jp/common/001255977.pdfを参照。

★5 筆者は本稿において、槇文彦による「オープンスペース」という概念を、「パブリックスペース」という概念と区別・拡張するものとして解釈したうえで、「オープンスペース」と「余白」という言葉をほぼ同義で使用する。

★6 平成三〇年六月二七日に公布された「建築基準法の一部を改正する法律（平成三〇年法律第六七号）」により、既存建築ストックの有効活用という観点から、用途変更に伴って建築確認が不要となる規模上限が一〇〇㎡から二〇〇㎡に見直し、変更された。施行は公布日から一年以内とされている。この法改正による実務上の影響は大きいと予想される。

★7 「建物が立ち並んでいる」という文言の解釈には、大きく二つの見解があり、道に接して建築物が二個以上あれば該当すると緩やかに解釈する見解と、建築物が寄り集まって市街の一画を形成するなど機能的な重要性を必要とする見解があり、地域によってこの規定の解釈や運用が異なる。

★8 最高裁判所 平成二〇年一一月二五日判決。

★9 実際に、当時の航空写真を根拠に、幅員が一・八m以上なかったと事実認定して二項道路の該当性を否定した裁判例として大阪地方裁判所平成二〇年二月二一日判決がある。

★10 吉村靖孝による「CCハウス」は、建築図面をコモンズ化するという、まさにクリエイティブコモンズに着想を得た試みである。

★11 国土交通省「空き地・空き家等の利用促進による、まちのにぎわい創出へ　都市のスポンジ化対策を総合的に推進する「改正都市再生特別措置法」が七月一五日に施行」http://www.mlit.go.jp/report/press/toshi07_hh_000125.html

★12 公共R不動産編『公共R不動産のプロジェクトスタディ――公民連携のしくみとデザイン』学芸出版社、二〇一八年参照。

★13 近年、都市再生特別措置法をはじめ、民間の意見を積極的に取り入れる形で都市再生整備計画を活用した官民連携のにぎわいのあるまちづくりを推進するための諸制度が整備されつつある。http://www.mlit.go.jp/toshi/toshi_machi_tk_000047.html

Ⅲ オープンスペースをつくる

9

空であること

手塚貴晴・手塚由比
Takaharu Tezuka, Yui Tezuka

貴晴 1964年東京都生まれ、由比 1969年神奈川県生まれ。手塚建築研究所共同主宰。ロンドンでの修業時代を経て、1994年に事務所を設立。子供が歓ぶのびのびとした空間設計に定評がある。建築に、《屋根の家》（吉岡賞、JIA新人賞等）、《ふじようちえん》（日本建築学会賞、グッドデザイン金賞等）など。著書に、『手塚貴晴＋手塚由比建築カタログ』（3巻、TOTO出版）、『きもちのいい家』（清流出版）など。

ドーナツの本質は、輪か、穴か?

日本に元来オープンスペースという概念はない。オープンスペースというのは、ある密度の成熟した都市の中に計画的に形作られるものである。一般の日本人にとっては「空き地」という表現が馴染み深いが、それはこの本で語られる時のオープンスペースではない。

手塚貴晴と手塚由比といえばドーナツ形幼稚園の建築家として巷で通っている。実はドーナツ専門店ではなく他のメニューもとり揃えているのであるが、当店にお越しになるお客様の注文はいつもドーナツである。実によく売れている。そのベストセラーであるドーナツの本質は穴である。クラシックであろうとフレンチクルーラーであろうと真ん中に穴が空いている。逆にいえば穴が空いていれば、なんでもドーナツと称してよいのだ。しかしここが不思議なところで、穴には食すところがない。何もないから穴なのである。真ん中に旨い餡が詰まっているアンパンとは大いに違うのである。ここにベストセラードーナツこと《ふじようちえん》の秘伝の技がある。《ふじようちえん》の本質は真ん中ではなく輪そのものの方にある。ドーナツは穴があるが故に輪の部分が良い塩梅で火が通るように、空であるところの中庭があるが故に輪である幼稚園が快適なのである。

《ふじようちえん》の輪は何も囲っていない。輪の中には何もないから中心がないのである。ふじようちえん園長先生の机は入り口脇にある。子供と同じく園庭を眺める輪の一角を占め、園長先生は一度も買い換えたことのないボロボロの椅子に座っている。登園してきた全ての子供たちは園長先生に「おはようございます」を交わす。昔でいうところの用務員さんや守衛のおじさんに近い。子供たちを喜ばせるべく、園長先生は蜘蛛の巣のような飾りを窓に貼って待ち構えている。季節になるとカブト虫や泥鰌

Fig.1　《ふじようちえん》　©手塚建築研究所

が窓先に並ぶ。生き物に加えて園長先生のイタズラが付いているから、巷のペットショップより面白い。園長先生は輪の真ん中に立たず、いつも輪の一角に店を構えている。ここに輪の本質がある。輪の上にある存在はドーナツと同じで、園長先生であろうと子供であろうと皆平等なのである。真ん中が空であることで、先生対子供たちという一対多数の一方向の関係ではなく、多数の存在が縦横無尽に繋ぎ合わされ、あやとりのような関係性が生まれている。

《ふじようちえん》の中庭には遊具がない。空である。その代わり屋根を貫いて三本の大ケヤキが生え、その枝には子供たちが鈴生りになっている。本来遊具というのは子供の遊びを助ける道具である。しかし安易に大量生産され無策に配置された遊具は、子供の自発性を妨げる危険もはらんでいる。安全基準に縛られた現代の遊具には、読むだけでも疲れてしまう行数の決まりごとが付録されている。子供たちはその安全基準に従い粛々と決められた行動をしなければならないのである。滑り台を逆に登るなど以ての外である。そこには一切の発見がない。滑り台は反対に登った方が面白いのに(!)、決められた行動を粛々と兵隊のように規範に従ってこなすトレーニングだけが待っている。日本の公園はそういう類の遊具に占領されている。遊具特有の華やかな色合いはその照れ隠しといってよい。加えて近年は高齢化社会を迎え、健康器具が繁殖し始めた。これは子供達の遊具に輪をかけて活気がない。いよいよもって物が溢れてきている。なぜ何もないことに耐えられないのだろう。貧乏性である。何か置かれていないと無駄使いしている気になるのであろうか。綺麗に片付いていれば素敵なテーブルの上に安っぽいお土産を並べるように、公園には実に無味乾燥な樹脂製の遊具が並んでいる。子供達は一瞬引き寄せられるがすぐ飽きてしまい閑散としている。そして何よりどう見ても美しくない。

誰もが知る「となりのトトロ」をはじめとする宮崎駿氏のアニメーションには一切遊具が登場しない。サツキとメイが嬉々として冒険を繰り広げるのは、どこにでもある懐かしい片田舎の日常風景である。その一家が住んでいるのは昭和初期にどこかの洒落者が建築家に依頼した住宅であろうか。実に乱暴な増改築に晒されながらも、創意工夫を重ねた詳細に満ちている。サツキとメイが鬼ごっこを繰り広げるうち、屋根裏へと続く細い階段を発見する。おそるおそる四つ足で上ると、コトリコトリとドングリが踏み板を一段一段跳ねながら落ちてくる。そのドングリを道標として冒険が展開していくのであるが、要点はそこにない。全ての冒険劇が展開していく書割が何の変哲もない日常であるというところにある。

なにが子供たちを走らせるのか?

ふじようちえんを設計していた頃、家族でバルセロナに旅した。誰しもが知るガウディの街である。バルセロナには《カサ・ミラ》がある。《カサ・ミラ》には階段とキノコのような煙突が生える不可思議な屋上がある。子供たちは大喜び。まだ足元もおぼつかない息子は、大喜びは良いが、転んだ時に階段の角に額を打ち付けて切ってしまう。ガウディ建築は安全基準とは無縁である。蹴上も蹴込もマチマチ。多分その頃は建築基準法などというお節介はなかったのであろう。一段一段丁寧に目を段鼻に配っておかないと、あっという間に転げ落ちてしまう。大自然が産んだ岩山をよじ登るのと大差はない。息子はプロレスラーのように額から鼻筋にかけて血を流している。ところが御構い無しに泣きもせず無心に遊んでいる。屋上にはガウディ独特の手の込んだ煙突がキノコのようにニョキニョキと沢山生えている。その根元には目的不明なアーチの凹みがある。その穴の大きさが絶妙で、子供が潜り込むと実に可愛らしい。子供たちは全く飽きることがない。ふと見ると大人たちも実に嬉しそうに意味もなく階段を上り降りしている。これは遊具や健康器具で起きない現象である。遊具は子供専用である。健康器具は高齢者専用である。その対称に、《カサ・ミラ》の屋上では年齢の分け隔てなく人々がその場を愉しんでいる。《カサ・ミラ》という建築はあらゆる遊具を超越する遊びに満ちている。

手塚家は毎年グロズニャンというクロアチアの町で夏の一週間を過ごす。今は亡きセドリック・プライス氏が二六年前に開いた国際ワークショップを引き継いでいる。遠くにアドリア海を睥睨する丘の上に大鷹のように巣喰い、かつてはヴェネツィア共和国の一要衝として栄えていた。頻繁に雨が降る。その雨が朝になると土の匂いを含んだ蒸気となって昇り、眼下の谷を覆い尽くして雲海となる。雲海の中に浮かぶ城壁都市は、「天空の城ラピュタ」そのままのドラマを繰り広げる。城壁都市の広がりは短軸二〇〇m長軸三〇〇mの楕円に過ぎない。人口は極めて少なく、冬の人口は二〇人に満たない。夏になると幻想的な城壁都市に魅せられた人々がバカンスに訪れ満員となる。このグロズニャンという街には学校がない。シーズンを除いて子供がほとんどいないのだから当然のことである。よって遊具もない。

この何一つ子供に媚びる道具がない街の中で、一日中夜半まで子供たちは遊んでいる。車が存在せず不審者とは無縁の安全な環境はその理由の一つであろう。しかしそれだけではない。無限に飽くことなく遊び続けている。長い年月をかけて育った街並みそのものが、遊具を超える舞台を子供たちに提供しているのである。両手を広げれば両側の家の壁に手が届くほどに細い小道。家に穿たれたアーチのトンネル。一〇〇〇年間人の靴底でツルツルに磨き上げられた凸凹の敷石。屋根が抜けていつのまにか木に占領された家。程よく目地が抜け落ちた登りやすい石壁。街の全てが誘惑に満ち満ちている。そしてその夢は覚めることがない。全てが現実であるからである。

水の都ヴェニスには美しい広場が無数にある。オープンスペースについて語るとき、必ずヴェニスのピアッツァやカンポが好例として取り上げられる。なるほどその広場の全てが街と良い塩梅に融合していて非の打ち所がない。道と広場の区別がつかず、隅々まで出来事が溢れかえっている。各々の家々や店が気ままにテーブルと椅子を出し合って道を占拠し、ピザとパスタの甘酸っぱいポモドーロの香りを振りまいている。通行人はペルメッソ（申し訳ない）と唱えながら、テーブルクロスを引っかけないようにその脇をすり抜ける。不法占拠している側は悪びれる気配もない。それ等は観光客であるから都市の本質ではないとの指摘もあろうが、都市環境として快適であることは見間違うことのなき事実である。

ヴェニスに散見される全ての広場は、最初から公あるいは個人の使用目的を明確にした機能を担っている。それが故、広場を形成する建物は、その広場に向かって設えを備えている。サン・マルコ広場は《サン・マルコ寺院》に属するし、《パラッツォ・ドゥカーレ》に面する広場は、これからガレリオンに乗り込み出撃する海軍を、元首が閲兵する時に使う。それにふさわしい豪奢なヴェネツィアンゴシックの外回廊が二層に渡って巡り回されている。住居地域にはカンポが散りばめられている。カンポ(Campo)という言葉を直訳する日本語はない。辞書によれば空き地となっているが、違うのである。ヴェネツィアは運河の街であって、ほぼ全ての主要な建築はゴンドラを着ける河岸を備えている。運河は元々干潟に生じた水路を掘り下げたものであるから、海流に従って曲りくねっている。自然な成り行きとしてそれに面する建物は、岸辺から法線方向に伸びていく。すると歪みが集中し水路が至らない奥に空き地が生じる。これがヴェネツィアではカンポとなっている。裏庭を集合させて開放したと考えるとわかりやすい。よってそれを取り囲む奈辺の建築にとっては、公と公言しながらも自分の庭なのである。よって店があればテーブルと椅子を並べ客を呼び込むことは自然な成り行きであるのだ。

都市計画がもたらした日本の広場

そもそも日本における公園という概念は非常に怪しい。日本国民における市民権の歴史は非常に浅い。祭りを行う広場は神社仏閣に属する境内なのであって、それを一般民衆に一時的に開放しているに過ぎない。閲兵は場内で行われる。よって閲兵の広場は城内にある。そのいずれも市民に無制限に開放された試しはない。日本の公園の所有権を古めかしい言葉で「お上」と表現するとわかりやすい。人の手の届かぬ「お上」が所有する庭なのであって、周辺の住民の感知を許されるところではないのである。それが故にたとえ公園に直接面している敷地であろうとも、テーブルや椅子を出すことは許されていない。肉野菜を並べてバーベキューの煙をたてるなど以ての外。あっという間に通報されて、任意同行の上に調書を取られてしまう。公のものを個人が占有してはならないからである。

よっていかなる日本の公園も、ほとんどの場合フェンスで囲われている。あるいは無骨な角刈りのツツジや柘植の植え込みが、明確に境界線を主張している。残念ながら日本の都市計画の習わしとして、周辺の建物は広場に対して開いてはならないと定められている。民地と広場あるいは公園の間には居丈高なフェンスが聳え立っている。安全のためであるというが、本当にフェンスの語らんとしていることは公共機関の所有権である。周辺の住民が家に面する公園にテーブルや椅子をお上の空間に繰り出すことは不埒な振る舞いであるのだ。たとえある家が広場に面していようとも、フェンスをぐるりと迂回して然るべき入り口から入り直さなければならない。

広場は空であることが大切である。しかし空であるためにはそれを包み込む建築と相互依存の蜜月関係を構築することが不可欠なのだと考える。ドーナツの穴が穴であらんためには、輪の部分が美味しく焼き上がっていなければ価値がないのである。よって良き空の広場を作るためには、その穴をとり巻く建築の設えが不可欠となる。鍵は境界にある。隣地の住民がテーブル一つ出せない広場になど、どうやって思い入れが生まれようか。今の日本の広場は公民館と同じ範疇に属する公共施設なのである。Space for everybody is for nobody（みんなの場は誰の物でもない）。ここに貰い物の都市計画と、それの使い方を知らない日本社会との間に齟齬が透けている。

新潟の三条という街に《ステージえんがわ》という施設を作った。室町時代から続く市の一角を占める施設である。市は仮設で週二回。昼が過ぎると市はひと時の蜃気楼と消え空の広場と化す。この《ステージえんがわ》を日本初の玄関がない公共施設と私は公言している。かつて玄関とは誰もが通れる場所ではなかった。玄関とは主人を迎えるための由緒正しき飾りであって、使用人や女子供のための潜り

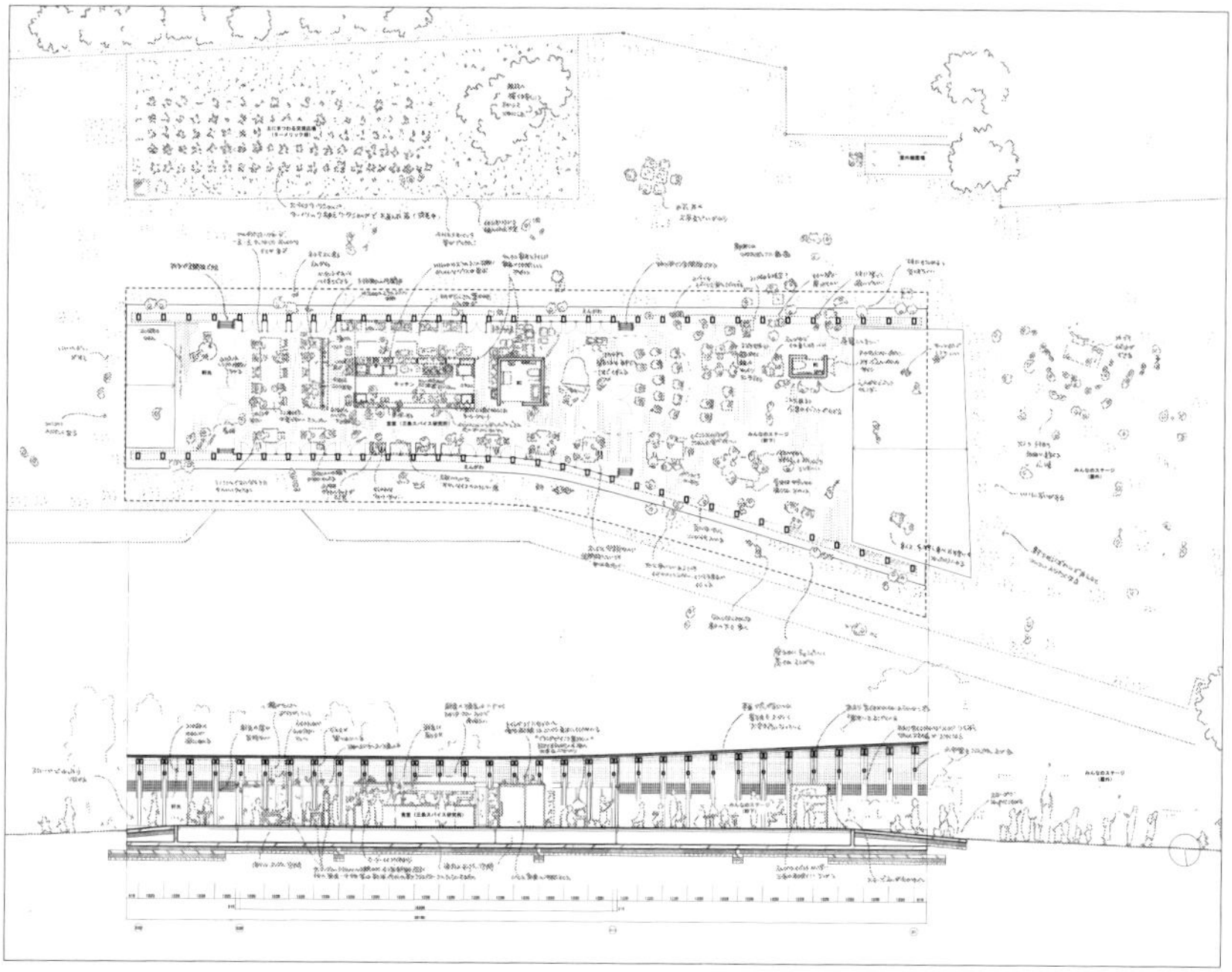

Fig.2 《ステージえんがわ》平面図 ©手塚建築研究所

戸がその脇に設けられていた。古来の市役所の概念はそれに近い。極めて偉い翁である市長を迎える玄関を備えていた。東京駅であれば正面玄関は天皇陛下のために設えられていて、一般人にとっては外から眺める飾りでしかなかった。天皇陛下は別として、今や市長は雲上の存在ではない。ネットが煽る仔細なゴシップネタであえなくクビになってしまう。主人公は大衆である。ところが建築は変わっていない。

そこで我々はどこからでも入れる玄関のない屋根付きオープンスペースを作ることにした。理屈はクロアチアから北イタリアにかけての一帯にかけて見受けられるロッジアである。前述した城壁都市グロズニャンにも備え付けられている。そこで私たちは国際ワークショップの最終講評を催すことを常としている。グロ

Fig.3　グロズニャンのロッジア　©手塚建築研究所

ズニャンは大きく大都市から離れている。観客は物見遊山の観光客と暇を持て余した住民だけである。入れ替わり立ち替わり好奇心旺盛なミーアキャットのように首を振り立てて人垣を成す。ロッジアを平たく訳せば屋根付き広場となる。その概念は日本の集会所と大きく異なる。街の議会やホールは別にある。ロッジアとは誰もがいつでも出入りできる自由空間であるのだ。

この誰でもいつでもという概念が、今我々が模索するあり得るべき公共の手がかりとなる。どこの街にも公民館と称する部屋の集まりがある。音楽が楽しめる防音空間もある。ところがそういう類の正しく設計された施設は、出たがりの素人にとって極めて使いにくいものなのだ。まず場所を予約せねばならない。これがそう簡単には取れない。綿密に計画を立てる日本人は、必要以上に前々から予約を入れてしまうからだ。さらに予約を取ると相当の使用料金を払わねばならない。しかし素人に、見ず知らずの観客からお金を頂ける程の技量はない。よって演者の親戚と友人が駆り出されることになる。観客は一度座ったらどんなに下手であろうとじっと堪え、どんなに下手な舞台であろうとも最後の拍手をするまで立ち去ることはできない。これは辛い。

《ステージえんがわ》には玄関がない。その代わり長い縁側の二辺と大きな開口部に囲まれている。ほぼ外である。外であるということはそこで行われる催しは大道芸のようなものである。誰が入ってもよし、いつ立ち去っても構わない。三条には六五歳以上限定の劇団がある。その劇団が三条の縁側を使う。当然プロの劇団には敵わない。しかし好きな人が好きな時に観ればよいのであるから人畜無害である。下手であれば下手でよいし、上手ければ眺めればよい。気楽である。気楽は大切な鍵である。大道芸の場合演者も観客も平等なのだ。側《はた》から見ると、演者もそれを取り囲む観客も実は屏風絵図の一角に取り込まれている。小難しい遮音壁など必要とされない。

つまるところ現在の日本人がオープンスペースに愛情を抱けないのは、戦後に日本人の間から日本的価値観が失われ、そこに強引に上部だけ繕った都市計画が割り込んだところに起因するように思うのである。都市計画というのは元来各々の都市に繁殖した風土に根ざして育つべき菌糸であって、その菌糸が繁殖すべき菌床が存在しなければ、絵に描いた餅となるのは至極自然な成り行きなのだ。それは大学で学生を教えているとわかる。大学の建築学科に通う学生というのは、日本人という集合体の中ではそれなりに意識が高い部類に属する筈である。ところが広場を作らせてみると、その周りに平気で団地に立つ建売住宅の如く、都市の性格と全く関係ないボリュームをケーキのように並べてしまう。彼らは知らないのだ。素晴らしい建物に囲まれた広場の片隅で嗜むワインとチーズがこの上なく旨いことを。

貰い物のオープンスペースを抱きしめて

まず都市のオープンスペースを創りあげるにあたってまず大切なことは、日本的価値の再構築にあるように思う。オープンスペースそのものは空で良い。日本ではそれを取り囲む建築の設えができていないのだ。日本の戦後は終わっていない。渾然一体としたトーキョー(東京)を訪れる外国人は、その未来と過去が無秩序に入り混じった混ぜ飯のような都市に身を投じ歓声をあげる。不思議の国ニッポンである。しかし、都市を創りあげるプロであるべく建築家はその歓声に迎合してはならないと思うのである。

多様性は良き都市の本質と考えてよいが、精妙に図られたところに醸成された多様性と、無策が招いた無秩序には本質的な違いがあるのだ。前者は成熟した文明国の情景であり、後者は発展途上の仮の姿でしかない。元来日本には成熟した都市の習わしがあり、そこに長年の間に醸成された品格というものがあった筈である。今の東京の有様は明らかに品格に欠けている。外人という差別用語をあえて使うのは、外の人という意味合いを強めるためである。世界遺産の都市に育ち歴史的遺産を自らの街の財産として愛でてきた人々にとって、東京は物見遊山対象に過ぎない。人ごとだから許されるのである。その姿はかつてアジアに異国情緒を求めて日の沈むことのない帝国を周遊していた英国人と大差はない。

海外講演に出かけると、しばしば日本は旧来からスクラップビルドの歴史であったのだと公言する日本人建築家に出会う。だから日本の街では自由になんでもかんでも好き勝手に作ってよい建築家のパラダイスであるかのように語られている。そういう場では決まって伊勢神宮の話が登場する。遷宮である。話に無理がある。伊勢の遷宮は古の心を継承しつつ神に新しい宮を供える継承にあるのであって、断じて巷の習慣ではない。伊勢神宮の本質は継承にあり、スクラップビルドとは真逆の精神である。京都奈良あるいは各地に残存する街並みは古き良きものを愛でる習わしに支えられている。

完膚無きまで叩きのめされた日本は、東京オリンピックを成してなお自己否定の境地にあった。そこに湧いた自虐的精神がスクラップビルドの概念であったかのように思う。そのような風潮の中では数世紀先を見据えた都市計画が実現しようもない。せっかく残されていた公園に公共施設という名の建築が入り込み、街並み計画の基本である壁面線をないがしろにする道路後退の規則が出来上がった。道路から後退すればするだけ建物を高くしてよいという安易な法律である。美しい京都を破壊したのは日本人である。観光ガイドに登場する美しき街並みはその引き裂かれた断片に過ぎない。

これから私たちは都市を創らねばならない。日本の都市計画は西洋式の都市計画と違って良い。貰い物のオープンスペースを日本人あるいは日本の行政は使いこなせていない。日本は未だ誇りの再構築の最中にある。国土に世界遺産の旗印が次々と打ち込まれるに至って、漸く日本人は失ってきた財産の大切さに目を向け始めた。答えは日本人の中にある。風土である。風土の構築には時間がかかる。少なくともこれから世紀を要するであろう。残念ながら私の世代がその完成を見ることはない。しかしその百年の計の序文をしたためるのは我々建築家の役割である。

ここで語ることになった「空であること」という概念は、決して槇氏の語るアナザーユートピアと矛盾していない。むしろ沿うと考えたい。槇氏の「建築の外にあって建築の侵入を許さない」という提言の通りである。ドーナツの穴にチョコチップをトッピングすることはできない。穴はすり抜けるだけである。ゼロは超えることができない。無は禅の境地である。オープンスペースは建築が犯してはならない神域なのだ。

10

空き家・空き地と中動態の設計

饗庭伸
Shin Aiba

1971 年兵庫県生まれ。首都大学東京都市環境学部教授。専門は都市計画・まちづくり。人口減少時代における都市計画やまちづくりの合意形成のあり方について研究すると同時に、実際のまちづくりに専門家として関わり、そのための技術開発も行っている。著書に『都市をたたむ』（花伝社）、『白熱講義　これからの日本に都市計画は必要ですか』（共著、学芸出版社）、『東京の制度地層』（編著、公人社）など。

1――引き潮時の波打ち際

人口減少にともなって都市の中に空き家や空き地が増加しつつある。この空き家や空き地はオープンスペースとしてどういう意味を持っているのだろうか。

都市の拡大期にもたくさんの空き家や空き地があった。一九七〇年代にのび太たちが溜まり場にしているのは公園ではなく空き地であり、あの土管は当時が上下水道を整備していた都市の拡大期であったことを示している。そして、あの空き地はのび太が中学校に入るあたりでなくなって住宅地が開発され、のび太の学校に転校生がやってきたことだろう。つまり、あの頃の空き家や空き地は一時的な余白であり、必ず無くなるはずのものであった。しかし、都市の縮小期にあらわれている空き家や空き地は必ず無くなるものではない。その意味において、空き家や空き地は歴史上初めてあらわれたオープンスペースなのである。

空き地や空き家があらわれる原因ははっきりしている。都市が拡大するときに人々に土地を細かく分配してしまい。そこに強い所有権が設定されているからだ。都市に集中した人々に住宅を供給したのは国家ではない。富の再分配ではなく富の交換によって、つまり住宅を必要とする人々の労働時間と農地の交換によって住宅のほとんどは作られた。その土地のそれぞれには強い所有権が設定されている。何人たりとも、その土地を勝手に使うことは許されない。したがって、全ての土地や建物はそれぞれの所有者がなんらかの決定をするまで変化しない。その決定はそれぞれの所有者の人生の時機にあわせてなされ、隣り合う人が同じような人生を送っているわけではないので、空き家や空き地は都市の中のあちこちに乱数的に発生する。そして人口が減少する中で全ての空き家や空き地が再利用されるわけではないので、結果的にあちこちに再利用されない空き地や空き家が発生し、全体としては乱数的に小さな穴が空くように都市が低密度化していく。この現象は「スポンジ化」と呼ばれる。[★1]

しかし、一度スポンジ化してしまったら永遠にその状態であるか、というとそうではない。スポンジ化する都市を「引き潮時の波打ち際」のように想像してみると分かりやすい。波打ち際は、波が寄せて返すたびにその形を変化させていく。ある場所が波に濡らされたかと思えば、次の波は別のところを濡らす。そしてそれを繰り返しつつ、引き潮時には波打ち際が徐々に海の方へと後退していく。この海を市場やコミュニティであると考えよう。一度波が去って空き家や空き地になったところでも、市場での取引が成立するうちは、そこに再び何かが作られる可能性がある。あるいはコミュニティが元気なうちは、そこで小さなまちづくりが取り組まれるかもしれない。しかし全体としては引き潮なので、波は繰り返し打ち寄せつつ、じわじわと後退していく。波打ち際には小さな水たまりや、湿った砂地がしばらくは残されるが、やがてそれも小さくなっていく。一度再利用された空き地の取り組みも、ゆっくりと閉じられていき、そこに波が押し寄せることは二度とない。このように、波打ち際のように明滅しながら都市は縮小していくのである。そこにどのようなオープンスペースの作り方が可能なのだろうか。そこにどのような次なるユートピアが構想できるのだろうか。

2——二つの方法

オープンスペースを作る方法は二つある。

一つは「アーバンデザイン」という言葉で括られる方法である。[★2] 都市の内部に、計画的に、戦略的に、戦術的にデザインされたオープンスペースを作り出していく方法であり、多くの取り組みがある。自動車のための広場から人間の広場へ、権力者のための広場から市民のための広場へ、自宅と職場に加えた第三の場としての広場へ、無用の公共空間から稼げる広場へ、など都市の課題がとらえ直されるたびに計画理論が改められ、オープンスペースは常にその最新理論を使って作られてきた。計画理論は常に改められ続けているが、それは単線的ではなく複線的であり、統合的ではなく多元的である。ようするに最新の計画理論はいくつかあり、ある計画理論をよりどころにして市場・政府・コミュニティの投資や合意が調達されたところに、最新型のオープンスペースが実現する。ある場所では開発業者がニューアーバニズムの流儀にのってデザインした広場が出現し、ある場所では市民が能動的にデザインした広場が誕生し、ある場所では商業者がタクティカルアーバニズムの流儀にのった実践を行う。この状況は乱雑なものでも、混乱したものでもない。こうした能動的なアーバンデザインで空き家や空き地を埋め尽くしていくことはできるだろうか。

一方で都市にはたくさんの無名のオープンスペースがある。都市計画にもとづいて淡々と作られていく、例えば近隣の小さな公園を思い浮かべてもらえばよいだろう。そこでは、子どもたちによって滑り台や砂場遊びが延々と行われているだろうし、子どもがいなくなったところでは老人たちがのんびりと会話を楽しんでいるかもしれない。そして周辺の人口が減り、すっかり寂れてごみが積まれているところもあるかもしれない。もちろんその公園はかつて誰かが能動的に計画したものである。しかし都市計画は個人の能動性を消し去るように淡々と運用される。人々は都市計画に対して受動的であるし、それを運用している人たちも受動的である。こうした受動的な都市計画によって空き家や空き地をオープンスペースに転換していくことはできるだろうか。

歴史的に見て、能動的なアーバンデザインは、受動的な都市計画を転換させる取り組みであった。デザイナーたちは、自らの力を信じて専制的にオープンスペースを作り続けてきた。別のデザイナーたちは市民という言葉によってとらえられる具体的な第三者の協働者として振る舞い、市民の能動性を引き出しながらオープンスペースを作り続けてきた。こういった取り組みは受動的に作られた、つまらない画一的な都市計画を一つずつ、盤上のオセロをひっくり返すようにして能動的に変化させていく取り組みだったのである。わが国では一八九八年から始まった近代の都市計画は、都市の人々を受動的に従わせる法として作られたが、アーバンデザインはそれに能動性で対抗する。アーバンデザインが取り組まれ始めたのは一九六〇年代頃からだろうか、その頃から都市計画をアーバンデザインへと、少しずつ書き換えていく取り組みが積み重ねられてきた。

3――引き潮時の波打ち際での方法

では引き潮時の波打ち際ではどちらの方法が可能なのだろうか。

「人口が減ってきた、これからはコミュニティの時代だ」と話す人がいる。人口が減り、政府の領域も、市場の領域も後退する。その後退した領域こそ、コミュニティがいきいきとした能動性を持って活躍できるところだ、ということであるが、長期的に見ればこれは間違えである。人口が減少することは政府にも、市場にも、コミュニティにも等しくかかってくる。一つや二つの空き家であれば、コミュニティによる活用は考えられるが、コミュニティの人たちの必要性から見ればおそらくそれで十分なのであり、それ以外の空き家や空き地は誰にも使われることなく地域に残っていくだろう。人口が減少すると、政府にせよ、市場にせよ、コミュニティにせよ、アーバンデザインを行おうとする能動的な意志の総量が減っていく。アーバンデザインはごく一部の空間しかカバーすることはできない。

では受動的な都市計画は有効なのだろうか。残念なことに都市計画にも期待はできない。なぜならば、都市計画はあくまでも増加する人口や、拡大する都市の力を受動的に整えて捌くことでしか機能を発揮することができないからだ。市場の開発に対しては、開発単位ごとにオープンスペースを開発業者に作らせ、その提供を受けることによって都市計画を実現してきた。オープンスペースが足りないところでは、増加する人口から都市計画税を徴収し、それを再配分することで都市計画を実現してきた。しかし、空き家や空き地からは何の力も発生しない。力が発生しないところでは、受動的な都市計画は無力なのである。

都市が縮小するときに、減少した人口の分だけ空間も縮小していけば、そこには何の問題も発生しないし、アーバンデザインも都市計画も必要ない。しかし、人口の減少と空間の縮小の速さには差があり、それが起きる場所にもずれがある。空間より先に人口が減少する状況、つまり過疎ができるだけ顕在化しないように空間を整えていくのがこれからのオープンスペースの仕事である。スポンジ化によってあらわれる小さな空間を、能動的なアーバンデザインによってある程度は埋めることは可能、受動的な都市計画によってもある程度は可能であろう。しかしどちらも引き潮時の波打ち際に対しては十分ではない。私たちはそこにどのような方法を組み立てることができるだろうか。

4——能動と受動の間の設計

筆者は、いくつかの都市においてまちづくりに取り組んでいる。そこでは、都市の何らかの課題を解決するために、人々の能動性を引き出し、それを再編成して課題を解決していく、いわゆるコミュニティデザインの方法を取ることが多い。人々の能動性を頼りにした、本稿の文脈でいうと、それはアーバンデザインの一つの方法である。

そこでは人々が集まる仮設的な「場」が開帳される。場はワークショップと呼ばれたりする、日常から少しだけ離れた、自由に自分の意見を言うことができる平等な場だ。そこにたくさんの人々が参加する。アーバンデザインに惹かれて、自分のまちでもそれを実現してみたいという人もいる。すでにあちこちで小さな組織を立ちあげ、それを動かしながら能動的にまちに関わっている人もいる。何となく楽しい雰囲気に惹かれて参加した人もいれば、溜まった政府への不満をぶつけてやろうという人もいる。初めての地域参加で意気込んでいる人もいれば、町内会長の義務感から参加した人もいる。そして場での議論は、能動と受動の白黒をつけるように機能する。それがうまくいくと、「都市計画が何かをしてくれるだろう」という受動的な人たちは徐々に場の外縁に押しやられ、「アーバンデザインをやりたい」という能動性を発現する人たちが出てくる。その人たちを組織化し、方向づけるまでがコミュニティデザインの仕事である。

しかし、能動的な人たちと受動的な人たちの間に、そのどちらにも分けられない人たちがあらわれることがある。人前に積極的に立ちたいわけではないし、誰かに承認されたいわけではない。しかしできることをできる範囲でやる。「アーバンデザイン」や「まちづくり」という言葉には乗らず、そんなことを強く意識せずとも、都市のための自然な動きをする人たち。いわば能動と受動の間に立ち現れる人たちである。引き潮時の波打ち際においては能動にも受動にも限界があるが、筆者はこうした人たちの自然な動きを保ったまま、それを汲みあげ、さりげなく撚り合わせ、新しい動きを方向づけることに可能性があるように考えている。能動と受動の間の設計の可能性である。

その設計の対象になるのは、能動的な意思やそれを明文化した計画ではなく、人々に受動を強いる都市計画でもなく、「制度」である。[★3] たいていの人々は、日々の暮らしと仕事の中で、能動性を強く発揮するでもなく、かといって受動的なわけでもなく、淡々とした動きを組み立てている。その動きは、人々が自ら組み上げた制度によって動かされている。それは家族、近隣、生業、政治、地域自治、宗教といった様々な単位、ひろがりごとに作り上げられてきたものである。[★4] こうした制度が、能動と受動の間の設計の対象である。

その設計では、人の個々の動きがどういった制度に動かされているのかを読み取る。そして一人ひとりの動きの合算によって作り出される大きな波のような動きを読み取る。そして望ましい方向へ、波を整えるように制度を少しだけデザインする。こうした能動と受動の間の設計が、引き潮の波打ち際でオープンスペースをデザインしていく方法にはならないだろうか。

勘のよい読者はここで、「中動態」という言葉を思い出すことだろう。國分功一郎によって脚光を浴びた「中動態」は文法の言葉である。私たちが中学校の英語の授業でさんざん勉強した「能動態」「受動態」ではない、もう一つの態がかつて存在した。能動態と受動態によってかき消されてしまった第三の態が中動態である。例文にすると「私が山を見た」でもなく、「私に山が見えた」でもなく、「山が私に見せようとする」というものである。

能動と受動の間の設計とは、この中動態の設計ではないだろうか。乱暴な仮説であることは承知している。しかし「ディベート」という槇の言葉に甘えて、最後にいくつかのテキストや筆者の経験から設計のイメージを共有し、その具体的な方法のスケッチを試みておこう。

5——中動態の設計のイメージ

イメージ1　合算された動きのイメージ

三陸海岸沿いの小さな漁村で五年に一度のお祭りが行われていた[★5]。地元では五年祭と呼ばれていたこのお祭りでは、湾の両側の高台にある二つの神社からお神輿が出発し、まち中を練り歩いて明治六年からある小学校の校庭で合流し、そこに鎮座する。そして鎮座したお神輿の前で一〇の集落が芸能を奉納するというものである。村という単位を強調するこの形式からも分かる通り、五年祭は決して古いものではなく、かつてこの地を襲った昭和三陸大津波(昭和八年)の少し前、つまり東北が大飢饉に見舞われていた昭和の初期に始まったものである。つまりこれはまぎれもなく「近代」のお祭り——一九六〇年代に各地で行われた「市民祭り」と同じような祭り——である。

しかし、五年祭と凡百の市民祭りの決定的な違いは、地域の人たちが「ギジム」と呼ぶ、お神輿の複雑な動きにある。お神輿を担ぐものには、一週間の禊が課せられる。そして禊を経て担ぎ手が二つの神社にわかれ、そこからお神輿の渡御《とぎょ》が始まる。お神輿は大変に軽いものだというが、担ぎ手にはお神輿の動きに従うという決め事が課せられている。自分が担いでいるお神輿に従う、という一見不思議な決め事であるが、お祭りが始まるとその意味をはっきり理解することができる。当初は線的な動きをしていたお神輿が、ある頃合いを過ぎた頃から、突然前に走り出したかと思うと、後退を始め、同じところをなんども通るなど、不規則な動きを繰り返すようになる。これが地域の人たちが「ギジム」と呼んでいる動きである。

「ギジム」はお祭りの聖なる部分そのものなので、その正確な仕組みは誰に聞いても教えてくれないし、それぞれが異なる説を持っている。筆者が想像するに、漁師でもある担ぎ手の海上で鍛え上げた身体が、お神輿を媒体として相互に影響を及ぼし合っているということなのだろう。「ギジム」が起きているときの彼らには、個々の意思はないが、誰かに動かされているわけでもない。つまり「ギジム」は、能動でも受動でもない中動の動きであると考えられる。それは他のお祭りで見られるお神輿の動き、例えば喧嘩祭と呼ばれる祭りに見られる、「共同体同士の争い」といったはっきりとした目的を持った能動的な動きとは別格の動きなのである。

自身が使いやすいように鍛え上げた身体を、最小単位の制度であるととらえると、「ギジム」は個々の制度にそって生まれる個々の動きを合算した動きである。それは個々の制度で動かされている個々の動きを合算していく、という中動態の設計にいくつかの示唆を与えてくれる。例えば、結果の読めなさと乱雑な動き、動きへの全員の貢献と責任の不在といったことである。

イメージ2　趣味＝豊穣な制度の作り方

アーバンデザインや都市計画は何のためにあるのか。それはよりよい暮らしと仕事を支える空間を整えるためにある。よりよい暮らしと仕事の実現は近代化の目的そのものであり、近代都市計画は暮らし＝住宅と仕事＝農業・工業・商業の空間のせめぎ合いを調整するものであった。[★6] 一方で、近代公園に代表される「余暇の空間」も近代都市計画の対象ではあった。余暇はやや古びた言葉なので「趣味」と呼び換えてもよい。趣味は、よりよい暮らしと仕事を手に入れれば入れるほど必要になってくるものである。[★7]その空間は、わが国において暮らしと仕事の空間の残地として、減算の結果として設計されることが多かったが、暮らしの空間と仕事の空間のせめぎ合いに割って入る第三の空間であり、その領域は拡大しつつある。

そして暮らしと仕事と趣味、それぞれにおいて、それをうまく運営するための「制度」が作り出される。中動態の設計はこれらの制度を対象とすることになるが、暮らしと仕事の制度にくらべると、趣味の制度の多様性、その豊穣さは群を抜いている。例えば田中元子は、「マイパブリック」と名付けた自らの実践を「趣味」であると言い切る。趣味に生きる、暮らしと仕事からはなれた第三極として趣味をおき、そこに生きることで、私たちは豊穣な制度を作ることができ、その制度は新たな中動的な動きを生み出すことにつながるかもしれない。趣味は中動的な動きを生み出す制度の、枯れることのない源泉であると言える。

イメージ3　中動相のあらわれかた

詩人の岩成達也が「中動相についての覚書(上)」で次のように書いている。[★8]この一節を検討してみよう。

「中動相／中間領域とは元々はロゴスとパッショ[★9]が重なり合っている「場」のはずなのだ。ここで注意したいのは、重なり合うという「均衡」は、例えばコラボレーションのように、反対方向への動きが「水平面」上で均衡するのではなく、重なる（相互内属する）ことによって、（いわば内的に）「垂直面」で均衡するようなあり方だった」

この一節によると、能動相と受動相は同じ平面上にあるわけではない。そう考えてみると能動相と受動相の関係、アーバンデザインと都市計画の関係を筆者が「オセロの盤上」と表現したこと、つまり同じ平面上での拮抗した関係として表現したことは間違えであり、それらは垂直的に重なって存在しているということになる。そして中動相の領域は、オセロの黒でも白でもない別の色ではなく、その垂直面で均衡している場そのものなのである。

つまり、設計の手順としては、まずは能動相と受動相の両方、つまりアーバンデザインと都市計画の両方を顕在化しないといけない。二つが重なり合わないと中動層が場として立ち現れてこないからだ。中動層は単独では立ち現れず、能動相と受動相のそれぞれから、垂直的に手がかりを取り出しながら立ち現れるということなのだろう。そしてそこに立ち現れてくる豊穣な中動態の動きを採取し、それを動かしている制度を分析し方向づける、ということが能動と受動の間の設計ということなのだろう。

6——設計の言葉

本書の読者は建築や都市の設計に携わる方が大多数と思われるので、小稿の最後は、何か設計へ示唆を与える言葉で締めたい。

岩成の論考はパウル・クレーの「造形思考」★10をひきながら展開しているので、それにならってクレーの力を借りることにする。クレーの名言に「芸術は、見えるものを再現するのではなくて、見えないものを見えるようにする」というものがある。この「芸術」を「設計」という言葉に置き換えてみると「設計は、見えるものを再現するのではなくて、見えないものを見えるようにする」となる。見えない中動を見えるようにすること、そしてそれをオープンスペースの設計に落とし込み、その空間を経験する人々の動きを通じて中動が見えるようにすること、と言い換えられるだろうか。つまり、人々の見えない動きと、見えない制度を読み取り、それを空間のしつらえを使って整えること、こうしたことが設計なのであろう。

それは、クレーの名言「線を散歩に連れていく」ならぬ「設計を散歩に連れていく」という設計者の姿勢から生まれてくる方法なのではないだろうか。

注

★1　スポンジ化の定義は「都市の内部で空き地や空き家がランダムに数多く発生し、多数の小さな穴を持つスポンジのように都市の密度が低下すること。」である。二〇一八年には国土交通省よりスポンジ化対策の政策が発表された。スポンジ化の構造については拙著『都市をたたむ』にて詳しく論じてあるので、参照いただきたい。

★2　アーバンデザインという言葉は本来は広い意味があり、本稿で対置している「都市計画」をも含んだ概念として使われることもあるが、本稿では狭く限定して、都市空間にある建物、街路、オープンスペース等のデザインという意味で用いる。アーバンデザインにかえて「まちづくり」という用語を用いるのか、最後まで迷ったが、本稿の与件が「オープンスペース」であり、まちの中の限定された空間を対象としていることから、本稿では「アーバンデザイン」という用語を用いることとした。したがって、本稿の多くの部分で「アーバンデザイン」を「まちづくり」という言葉に読み替えることが可能である。

★3　本稿ではドゥルーズ『哲学の教科書』にならって、法という言葉を「行為の制限」と、制度という言葉を「行為の肯定的な規範」として使う。どちらも人間が作り出すものであるが、建築に置き換えると、法は建築基準法や都市計画法などであり、制度は依頼者や市民や地域社会が持つ規範のようなものである。

★4　わが国以外では、これらの制度に加えて、民族の制度が強いことがある。

★5　五年祭は岩手県大船渡市の三陸町綾里地区で開かれている祭りである。残念なことに二〇〇一年を最後に途切れており、震災後の二〇一六年にも復活の検討がなされたが、実現しなかった。したがって筆者も生の「ギジム」を見たことがあるわけではないが、その様子は動画投稿サイトで確認できる。なお、五年祭の詳細については、木村周平氏（筑波大学・文化人類学）の調査の成果を参考にした。

★6 近代都市の空間は暮らしと仕事をよりよくするために強く区画されていくので、暮らしと仕事以外の部分は都市計画法の中でも正当に位置付けられていない。例えば宗教的な空間や墓地はやや居心地が悪そうに都市の中に存在していることが多い。

★7 余暇や趣味についての問題は、「暇と退屈」を徹底的に考察した國分功一郎の文献（4）における検討が参考になると考えられる。

★8 岩成は中動相・受動相・能動相という言葉を用いている。なお、そこでは「態」と「相」の意味の違いははっきりと定義されていない。

★9 岩成はこの一節に連なる別の一節で「ロゴス的な動き（能動）とパトス的な動き（受動）」と述べているため、それぞれに「能動」と「受動」をあてて読めばよいと考えられる。

★10 特に参照されているのは、同書に収められた岡田温司による解説であり、岡田はそこで中動態の概念を用いてクレーの造形思考を解説している。

参考文献

（1）饗庭伸『都市をたたむ』花伝社、二〇一五年
（2）ジル・ドゥルーズ『哲学の教科書』、一九五三年
（3）國分功一郎『中動態の世界』医学書院、二〇一七年
（4）國分功一郎『暇と退屈の倫理学』朝日出版社、二〇一一年
（5）木村周平・辻本侑生「地域社会の災害復興と『復興儀礼』――津波被災地のある「失敗」事例から」『現代民俗学研究』一〇号一―一六頁、二〇一八年
（6）田中元子『マイパブリックとグランドレベル』晶文社、二〇一七年
（7）岩成達也『中動相についての覚書（上）』現代詩手帖三月号、二〇一八年、六〇・六七頁
（8）岩成達也『中動相についての覚書（下）』現代詩手帖四月号、二〇一八年、一三〇・一三七頁
（9）パウル・クレー『造形思考』（上下巻）筑摩書房、二〇一六年

11

都市に変化を起こすグリーンインフラ

福岡孝則
Takanori Fukuoka

1974年神奈川県生まれ。ランドスケープアーキテクト、東京農業大学造園科学科准教授。Fd Landscape主宰。ペンシルバニア大学芸術系大学院ランドスケープ専攻修了後、米国やドイツのコンサルタントとして北米や中東、アジアのプロジェクトにかかわる。作品に《コートヤードHIROO》（グッドデザイン賞）など。著書に『Livable Cityをつくる』（マルモ出版）、『海外で建築を仕事にする2』（学芸出版社）など。

「オープンスペースのあり方から都市を考え、われわれの都市生活を豊かにする何ものかが、潜んでいるのではないか?」という槇の問いかけに対し、ランドスケープアーキテクトとして応答を試みたいという気持ちが強く湧く。建築家や都市計画家によるオープンスペースへのアプローチとは、一体どこで明確な線を引けるだろうか。「これからの都市には、もっと大胆な発想に基づくさまざまな機能をもったオープンスペースが必要だ」と槇はいう。本稿は、「都市に変化をもたらす、新しい時代のインフラとしてのオープンスペースのつくり方」について、ランドスケープアーキテクトの視座から考えをまとめたものである。

私は、日本の造園学科で都市緑地計画学を学び、その後米国ペンシルバニア大学でランドスケープデザインを学び、米国とドイツで実務に取り組んできた。当時のペンシルバニア大学ランドスケープ学科の学科長は、『デザイン・ウィズ・ネーチャー』の著者イアン・マクハーグの弟子で、のちに《ハイラインをデザインするジェームズ・コーナー、学部長は都市計画家のケヴィン・リンチの弟子ゲーリー・ハックであった。そこは、「時間とプロセスのデザイン」が探求される実験場であった。そのような環境に身をおき、オープンスペースに関する流れを肌で感じてきた。[★1] 従って、本論は極めてパーソナルな体験をもとに、過去一五年ほどの屋外空間を巡る状況を私のレンズを通して可視化しようと試みるものである。

オープンスペースから住みやすい都市をつくる

二一世紀に入り、都市部に暮らす人口が初めて過半を超えた。さらに、今後三〇年間で二〇億人以上が都市部に移住すると予測されている。世界には人口が急増し成長を続ける都市もあるが、日本では人口減少と縮退化が予測され、不確実な未来に向けて悲観的な空気が漂っている。このような時代の流れの中で、オープンスペースに求められている役割とは何だろうか。

アジアやアフリカの成長型都市においては、オープンスペースが機能的に計画・整備されることで、都市の骨格をつくり開発の抑制や生活者の自然へのアクセスなどの役割を果たすだろう。一方、北米や欧州の成熟型都市では、コンパクトに暮らし、生活の質を高めるために、戦略的にオープンスペースへの施策が展開されてきた。例えば、ニューヨーク市のブルームバーグ市政下(二〇〇二～二〇一三)ではライフスタンダード(居住面積)をコンパクトに抑え高密度居住を促進すると同時に、都市のオープンスペースを重点的に再整備し、都市生活の質を高めることに成功している。[★2]二人の市民の活動が、取り壊しの決定していた高架貨物線跡を保全再生させ、世界的な空中公園に発展した《ハイライン》の物語はまさに現代のアメリカンドリームであり、槇のいう「都市の新しいイメージメーカー」となった。

これからの都市を考えるとき、経済力や国際競争力だけではなく、社会的、文化的、生態的にも豊かな、住みやすい都市、すなわちリバブルシティ(Livable City)の創成[★3]という視点がますます重要になる。先進的な社会課題をチャンスととらえ、オープンスペースを核にした取り組みが連鎖して、化学反応を起こしながら都市に変化を起こすことができないだろうか。

敷地を読む──生態的な構造を発見する

ケヴィン・リンチは『敷地計画の技法』(鹿島出版会、一九八七年)の中で「どのような敷地でも、多様な層で構成されている。地上、地面、地中のすべてのものは相互に関係し、バランスを保っている」と述べている。他方、槇は、『見えがくれする都市』（鹿島出版会、一九八〇年）の中で、「場所の固有性は都市の連続的な広がりの中に埋もれて見えにくくなっている」と指摘している。ここでは、オープンスペースをつくるための敷地の読み方について述べたい。

ランドスケープという言葉の定義は様々だが、私はドイツ語の「ランドシャフト」に近い意識が重要だと考えている。視覚的なものに根ざすランドスケープと少し差別化を図りたい。ランドシャフトにはその土地の上に生活する人々や自然も含まれる。[★4] 例えば農地では、土壌や水分、風の流れ、日照、気候など時間と共に変化するものを受容しながら、人間が場所を耕し、作物を植え付け土地の仕組みに手を入れながら関わり続ける。土地には素材や地形、関係性など多くの見えない与条件と、時間をかけてつくられた厚みが、既にあることを忘れてはいけない。

ランドスケープアーキテクトが対象とするオープンスペースは、建物に囲まれた広場から公園緑地、道路、工場跡地や荒廃地などのブラウンフィールド、インフラストラクチャー、都市とその間の自然地など、屋根がない空とつながる屋外空間すべてである。これらは生きた環境システムであり、地歴、地形・地質、排水、植生、水系、風の流れ、日影、アクティビティ、接続する地域の性格など、「その場所の資質を読み込み、発見する」ためのリサーチが重要になる。私は、ランドスケープアーキテクトは建築家や都市計画家に比べて、場所の有機的な性質を読む感覚が優れていると思う。

オープンスペースのスケールは〇・一〜一〇〇ha＋まで圧倒的に幅広く、自然科学的な情報のレイヤーで構成されるだけでなく、そこに暮らす人間の文化的な営みや、過去に繰り返された開発の痕跡まで、目に見えない分厚いレイヤーで構成されている。リサーチを通じて「敷地を支える生態的な構造」

が可視化され、理解され、のちに計画・設計条件や、デザインを進める上での基軸になることが多い。

別な言い方をすると、建築設計の中で力学的な構造がデザインを支えているように、オープンスペースを支えるのは自然のみならず、文化・社会的な要素も含めて広義の「生態的な構造」である。その場所にフィットし、柔軟な変化を許容する環境の器をデザインするために、リサーチのプロセスで発見された情報は有効に活用されなければいけない。人間がつくりだす環境と自然が相互作用しあう接点を発見し[★5]、場所の生態的な構造を読むことが、ランドスケープアーキテクトの条件である。

オープンな環境の器を設える

縮退時代のオープンスペースはこれまでにない多様な形態をもつだろう。工業化時代が終わり機能を低下させた港湾や埠頭、工場跡地、交通量の減った道路、駐車場、閉鎖されたゴルフ場や遊園地などが都市の中に出現し始めている。このようなオープンスペースをデザインするにあたり、デザイナーは一〇〇％コントロールして地面を自分の色で塗り固めるのではなく、「プロセスと時間」を軸に変化を許容する余白を残して、新しい場所を構築することが昨今の新しい潮流である。

例えば、ニューヨーク港湾部の埠頭や倉庫群は《ブルックリン・ブリッジ・パーク》という水辺公園に再生されたし、フィラデルフィアの錆びついた埠頭は水辺の劇場空間のようなオープンスペースに生まれ変わった。また、ドイツのルール工業地帯にある《デュイスブルグ・ノルド・パーク》は、一九九〇年代終わりにＩＢＡ（国際建築博覧会）の一環として、ランドスケープアーキテクトのピーター・ラッツによって再整備された。機能を低下させた工場群や鉄道やインフラなどに、新しく立体的な遊歩道や水のシステムを重ね合わせている。時間が積層した敷地の上に、新しい場所や体験を重ね合わせるように織り込むデザイン力もオープンスペースをつくる上で重要な感覚である。

ランドスケープを取り扱うにあたって、建築と決定的に異なる点は、固いものと柔らかいものとの要素間のバランス、変化するものとしないもののバランスの調律の仕方である。固いもの（ハードスケープ）とは、石やコンクリートの舗装材、壁、小構造物などのこと。柔らかいもの（ソフトスケープ）とは、土、植栽、水などを指す。例えば、ハイラインの白く細長いコンクリートプランクの隙間から多年草が繁茂するからこそ、ダイナミックな色やテクスチャーの変化が増幅して可視化され、感じ取ることができる。屋外という設定だからこそ起きる自然の変化とそれを映し出す空間、人間の手の入れ方によって変化のスピードをコントロールすることもできる。これこそが、動態的に生きているもので満たされた場所の魅力だと私は考える。

私たちは、現在という時間を拡大するために、過去と未来の時間を（借用）することができるかもしれない。それは小さな場所を大きく感じさせるために、外部の時間を（借用）するのに似ている。

（ケヴィン・リンチ『時間の中の都市』鹿島出版会、一九七四年）

東京都内の広尾で、築四六年の旧厚生省公務員宿舎・駐車場跡地をフルリノベーションし、集合住宅・商業の複合施設として再生させる《コートヤードＨＩＲＯＯ》というプロジェクトに取り組んだことがある[★6]（Fig. 1）。暮らす、働く、活動する、多様な目的をもった人々が心地よく交わる「コートヤード（都市の中庭）」というコンセプトのもと、住宅、コワーキングスペース、ヨガスタジオとアウトドアフィットネス空間、レストラン、ギャラリー等を、時間をかけて導入した。月に一度、コートヤードで働く仲間が主体となって運営する「First Friday」では、食、アート、スポーツなどをテーマに集いが開かれる(Fig. 2)。小さいオープンスペースを中心に自然を感じながら過ごす新しい都市のライフスタイルが形成されてきている。このオープンスペースは民有地であるが、色々な用途に対して開いているのでセミパブリックスペースといえるだろう。

　このような、公園のように常に開いているわけではないが、「半分開く」というオープンスペースの形は、オフィスや病院など建築空間の中でも応用できるのではないだろうか。例えば、使われていないビルの屋上や公開空地、グランドレベルの空間をオープンスペースとして再整備し、オフィス空間の共有部分を充実させて人の滞留や交流を促し、関係性をつくることは新しいビジネスや共創につながるかもしれない。

　そこで、想定される人間のアクティビティと設《セッティング》えの相互関係からオープンスペースのデザインを発想することが鍵である。屋外空間に設えら

Fig.1　《コートヤードHIROO》都市の中庭
→多様な価値観をもつ人びとが混り合うオープンでソーシャルな場所

Fig.2　「First Friday」の様子
→都市に住む若者が交流できる春の夜

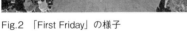

れた階段は、腰掛けて友達とランチをしながら話をする場所にもなるし、アスリートが昇降運動のトレーニングする場所になり、夏の夕方には屋外劇場空間にも変化する。一つの場所で何通りもの性能を意識的に引き出し、アクティビティを最大化させるような設えを構想することは密集した都市のオープンスペースを考える上でますます重要になるであろう。

昨年の夏、一旦は経済的に破綻した工業都市デトロイトの中心市街地で、アスファルトの駐車場に夏の間だけ暫定的に設えられた屋外のバスケットボールコートや、コンテナを活用した夏のレストランと砂場など不思議に魅力的な場所を体験する機会があった。こうした取り組みは地元企業でつくられるダウンタウン・デトロイト・パートナーシップによって運営されており、色鮮やかなペイントが施されたバスケットボールコートでは元気に走り回る多様な子供たちの姿が目に焼きついた。槇の述べるように「オープンスペースのスケールの大小を問わなければ、対象領域は無限にある」。たとえ一夏の間だったとしても、特別な場所での体験は体にしっかり刻まれる。

オープンスペースを育てる

槇は「もしもある新しいオープンスペースの構築にあたって広く市民の意見をつのることができるとすれば、建築物と比較してさまざまなポジティブな提言を得られるのではないか。建築と異なってオープンスペースは誰もが生活のなかで接点をもつために……意見、提案も出やすいだろう」（本書vii頁）という。ランドスケープアーキテクトとしては、「オープンスペースを育てる」際の主体形成の試みに強い関心がある。

一般的に多くのオープンスペースの計画・設計段階では、市民参加型のワークショップが開催される。「どのような公園をつくるか?」「地域の課題は何か?」「使い手の視点から求めるものは何か?」など、議論は尽きない。多世代の市民を巻き込み、計画条件や考え方を統合するように努めている。樹林地の生態を学んだり、子供たちと一緒に光のランタンをつくって夜の公園を巡ったり、現場を一緒に歩きながら考え、体験して意見を出すことを繰り返す。

ところが、残念な現実としては市民参加型の合意形成によるオープンスペースをつくれたとしても、開園後は、管理者と利用者という関係に落ち着く場合がほとんどである。管理者が居心地のよい空間を創出し、利用者がそれを消費して楽しむという安定した関係もある一方で、樹木の落ち葉のクレームのために丸太のように剪定された街路樹や、禁止事項をたくさん記した看板は日本中いたるところに散見される。これが私たちのオープンスペースを巡る貧しい現実だろう。

槇は『漂うモダニズム』の中で、次のように述べている。「ソーシャル・サステイナビリティを維持していくのに最も必要なのは人間の意志であり、アイディアであり、その建築、場所、地域に対して人が誇りをもつことであり、歓びを感じることでなければならない」。では、どのように自分たちで都市をつくる歓びを知る仲間を増やすことができるのだろうか。

オープンスペースが本領を発揮するのは、時間に合わせて場所が成熟していく過程にある。ただ樹木が大きくなるだけでは十分ではなく、オープンスペースを育てることに多様な人を巻き込むことができれば、場所はより輝くだろうし、逆であれば消費され、飽きられ、表面的な美しさしか持続しないだろう。

神戸市の三宮都心部では使われていなかった公園、東遊園地の社会実験「URBAN PICNIC」が二〇一五年から市民主導で行われている。[★7] 神戸市の協力により全面芝生化された広場で数カ月間に、一〇〇以上の市民発の提案型プログラムが開催された。今年度も社会実験は継続中で、行動的な市民が主体となった「オープンスペースからまちを変える」取り組みが進行中である。

オープンスペースは今、多様なライフスタイルや文化を育み、想像力を引き出し、人々をつなぐことも期待されている。屋外空間が本質的にもつオープンネス（寛容性）を活かして、多様な市民の参画を促し、オープンスペースを育てる人の力を高めることが、ソフトインフラ（社会関係資本）の構築につながるのではないだろうか。そのような市民力がシビックプライドの醸成、都市の魅力の向上、そして非常時や災害時に支えあう大きな力になる可能性はある。

グリーンインフラとしてのオープンスペース

ここまで、ランドスケープアーキテクトが「敷地の生態的な構造を読み」、「環境の器としてのオープンスペース」を設えるためにどのようにアプローチしてきたかを見てきた。こうしたオープンスペースをネットワーク化し、「都市に変化を起こす強いオープンスペースのシステム」はどのようにつくれるだろうか。最後に、「グリーンインフラストラクチャー（グリーンインフラ）」という、これからのオープンスペースの展開方法について述べることで、本稿を閉じたい。

前述のように、人口減少下で縮退の進む日本では、新規のオープンスペースを従来通りに整備するだけではなく、オープンスペースの対象域を建物の屋上、道路・歩行者空間、空地、河川から都市農地まで広げ（Fig.3）、自然の力を活かしたグリーンインフラとして構想し、防災・減災、微気象の緩和、持続的雨水管理、生物多様性の向上、食料生産、健康増進など、一つの場所で複数の機能を達成するような多機能・多便益型のオープンスペースがますます求められる。[★8] 縮退によって派生するブラウンフィールドや空地は決してネガティブなものではなく、オープンスペースを核にした持続的な都市創成を考える上では大きなチャンスである。それでは、どのようにグリーンインフラとしてオープンスペースが再構築されているか興味深い事例を紹介したい。

米国ポートランド市では、合流式の下水道により川の河口部で豪雨後に氾濫が頻発したが、訴訟問題を契機に水害に脆弱な地域に効果的に作用するように、グリーンインフラの整備が推進された。具体的には、道路空間を削減し、LRTと自転車道、歩行者空間を拡幅整備する事業と、グリーンストリートと呼ばれる街路樹の植栽帯と雨水の一時的な貯留・浸透を組み合わせた手法を展開してきた(Fig.4)。また、市内の新規開発では街区単位でグリーンインフラとしてのオープンスペースを戦略的に創出している。敷地に降った雨水は緑化屋根で受

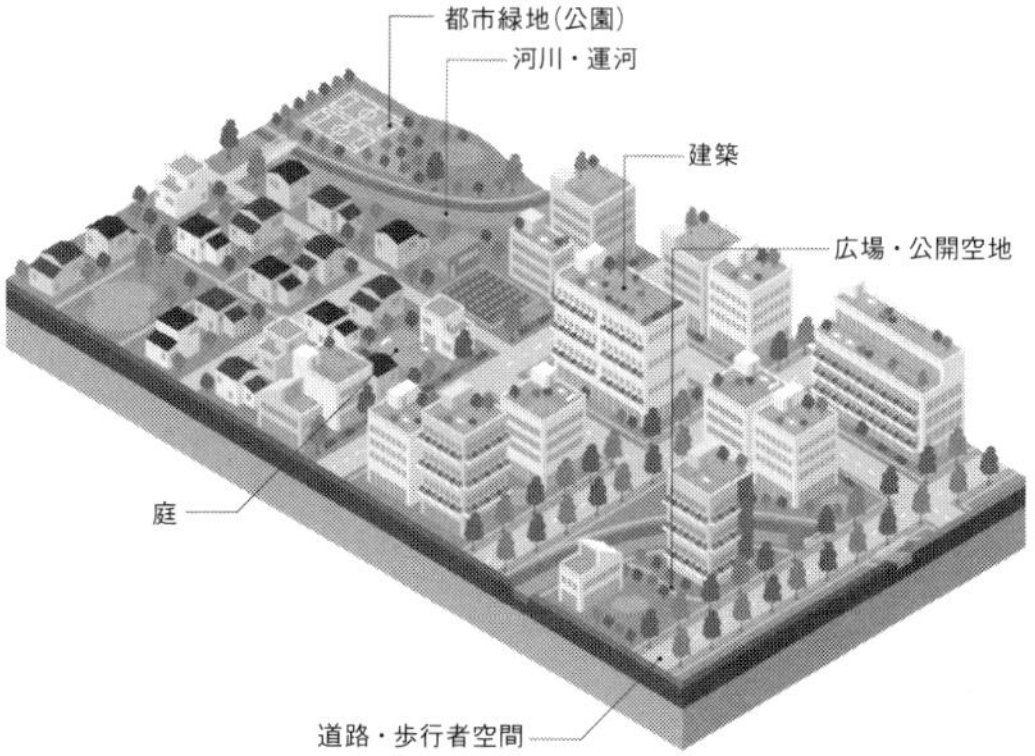

Fig.3　グリーンインフラの対象空間

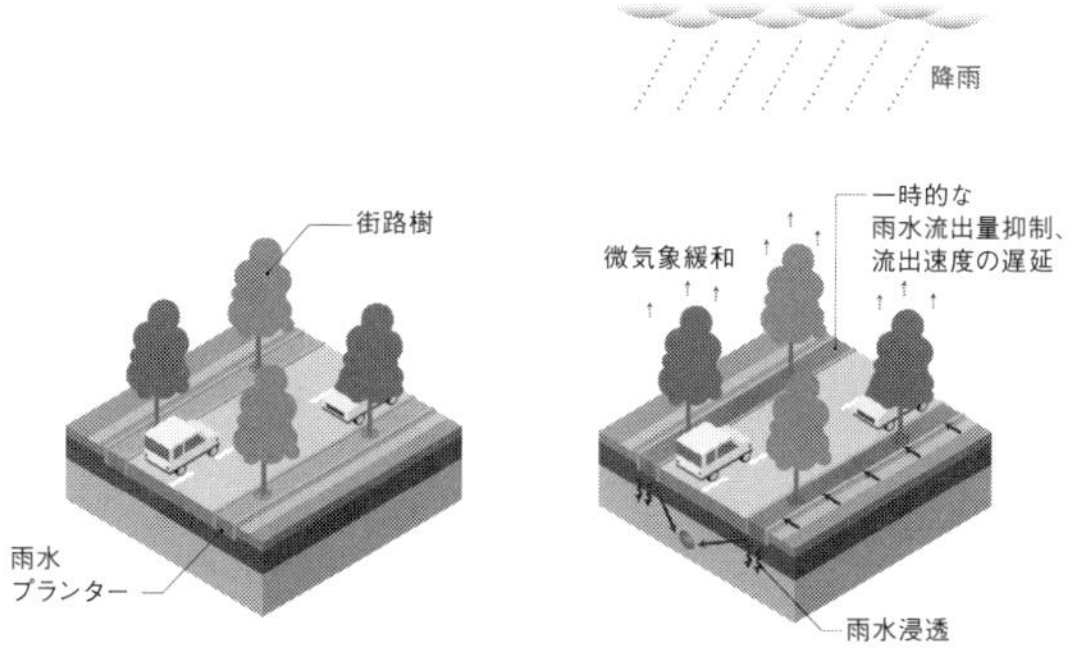

Fig.4　グリーンストリート：日常時と降雨時

け止め、雨樋から、緑溝の植栽帯を通して公園内の遊水池（通常時は芝生の運動場）に流し、最終的には地域の河川に流すという仕組みである。既存の都市の基盤にグリーンインフラを「重ね合わせ」、自然の力が「組み込まれた」新しいオープンスペースのシステムは、水と緑をクロスさせることで、気候変動による水害対策や健康増進、都市を冷やすなど多くの便益を生んでいる。

シンガポールでは飲用水の四〇％を隣国のマレーシアからパイプラインで輸入してきたが、水を自給するために国土スケールの水のデザイン・ガイドラインを作成し、雨水一滴も活用するというビジョンと実践を展開している。コンクリート三面張の都市河川と、隣接する都市公園を統合して氾濫原を内包する都市型河川公園にリノベーションした《ビシャン・パーク》は代表的な事例である。川への親水性が高まり、防減災、生物多様性の向上、健康・レクリエーションの場にもなり、子供たちが自然について学ぶこともできる。ここでは、河川と公園という二つのオープンスペースを「統合」することでその性能と価値を高めることに成功している。

興味深いことに、一九七一年に刊行された『都市とオープンスペース』（鹿島出版会、一九七一年）の中で、ウィリアム・ホワイトは「グリーンベルトに囲われた実現不可能な都市を夢見るよりも、むしろ現実を直視し荒廃地や未利用地、都市の残余地を人工的に連鎖させ、荒れた土地を生き返らせなければいけない」と述べている。

グリーンインフラとしてのオープンスペースは単に緑の空間を創出することではない。成熟型都市のストックの上に重ね合わせるように自然の力を組み込み、防災・減災、心や体の健康、コミュニティの再生など社会的課題を解決し、多面的な価値を創出するためのエンジンである。そして、市民がこのようなグリーンインフラとしてのオープンスペースを育むプロセスに参加することで、場所と関係性をもち、活動が継続されることで都市の魅力や価値も高められるのである。

「オープンスペースのあり方から都市を考える」ことは、「アナザーユートピア」を他の場所に探し求めるのではなく、私たち自身に変化をもたらすことである。槇の「人々は少なくとも意識のレベルで、自己責任において自分の都市を作っていかなければならない」という言葉が腑に落ちる。オープンスペースが都市の魅力や生活の質を高め、市民が都市を育むプロセスに参加する。そして、自然の力を活かしたオープンスペースのつながりがグリーンインフラになり、住みやすい都市の創成へ寄与する。人も自然も都市も入り混じったスペクタクルに、これからの都市の豊かさを想像しながら本稿を締めくくりたい。

注

★1 福岡孝則編『海外で建築を仕事にする2——都市・ランドスケープ編』学芸出版社、二〇一五年

★2 「住むためのパブリックスペース」『建築雑誌』Vol.130 No.1676 日本建築学会、二〇一五年

★3 福岡孝則、槻橋修、遠藤秀平『Livable City をつくる』マルモ出版、二〇一七年

★4 James Corner, *The Landscape Imagination: Collected Essay of James Corner 1990-2010*, Princeton Architectural Press, 2014

★5 森俊子「形象的な地形」『a+u 建築と都市』エー・アンド・ユー、二〇一五年

★6 https://cy-hiroo.jp

★7 URBAN PICNIC http://urbanpicnic.jp

★8 グリーンインフラ研究会編『決定版！グリーンインフラ』日経BP社、二〇一七年

12

オープンスペースを運営するのは誰か？

保井美樹
Miki Yasui

1969年福岡県生まれ。法政大学現代福祉学部教授。専門は、都市計画、エリアマネジメント。金融機関勤務を経て、ニューヨーク大学で都市計画を学ぶ。文理融合、実務と研究を行き来しながら活動している。著書に『欧米のまちづくり・都市計画制度』（共著、ぎょうせい）、『都市再生のデザイン』（共著、有斐閣）、『大都市圏再編への構想』（共著、東京大学出版会）、『POST2020の都市づくり』（共著、学芸出版社）など。

「つくること」と「維持すること」

オープンスペースの機能は、市民に憩いを提供する、都市緑化に寄与する、など様々であるが、その大原則は「誰もが」「(概ね)いつでも」アクセスできる場所であることだ。もし、オープンスペースが限られた人にしか開かれない場所になれば、それはセミオープンまたはクローズドスペースというしかない。

都市はそうしたオープンスペースをできるだけ多く用意するために、これまで様々な工夫を行ってきた。行政主導で都市公園や緑地を増やそうとする政策はもちろん、民間所有の土地にもオープンスペースを生み出そうと、「総合設計制度」を始めとする制度が導入されてきた。その結果、日本の都市には、行政が所有管理する都市公園や広場のほかに、民間所有のいわゆる「公開空地」もかなり多い。どうしても外に向けて閉じた構造をとりがちな民間建物において、外に向けて開き、オープンアクセスを可能にしているオープンスペースの存在は、都市の閉鎖性をほんの少し変化させ、人の営みや会話を可視化する。

ところが、こうした大事な役割を持つオープンスペースが、公共所有であれ民間所有であれうまく使われていない。まず、いずれの場所も使い方に禁止事項が多い。火遊びやボール遊びはもちろんのこと、騒音の出る遊びまで禁止されると何もできなくなる。オープンアクセスといいながら、そもそも使いにくい形でつくられていたり、ポールなどを立てて入りにくい雰囲気を醸し出したりする公開空地も見られる。

また、財政難のなか、管理が行き届かないオープンスペースも増えてきた。雑草が繁茂して実質上使えない状態になっている公園、遊具が老朽化し、使用禁止のまま野ざらしになっている公園も地方ではかなり多い。

こうしたネガティブな現状と裏腹に、それを変えようとする市民や民間団体が動きだす事例も少なくない。手入れの行き届かないオープンスペースに周辺住民が自ら入り、緑の手入れのみならず、住民の交流や小さな経済循環の場づくりを実践している例は全国にある。都心部では、公開空地をネットワーク化して様々なイベントを行い、地域の交流を促したりする、いわゆる〝エリアマネジメント団体〟も増えている。

建築は施主が明確であるが、都市はそうではない。顔の分からない大多数の市民によって構成される、様々な営みの場である。市民の生活はいかなるものか、どんな課題を抱えているのかをできるだけ科学的に探り、できるだけ多くの課題に対応できるようにし、しかもその後の都市の姿を想像しながら、それに対応する政策を形成することが求められてきた。しかし、所有管理の圏域によってがんじがらめになってしまっている今日の都市においては、どんな政策も実施に土地所有者の協力が欠かせない。しかも、周辺で暮らす市民（そこには企業や団体もあれば個人もある）の理解や積極的な参加も必要である。オープンスペースを真にオープンで、都市の市民に受け入れられる場所にするためには、その所有者、利用者、周辺の市民の関係をつなぎ、新しい運営の形を構築することが必要である。

本稿で私は、槇の「オープンスペースすなわち公園、憩いの場という概念を否定し、オープンスペースはもっと様々な知的な考察の対象となりうるのではないか」という提言に大きく頷きつつ、その場を「誰がどのように設計するか」と同じくらい「誰がどのように運営するか」が重要であるかを述べ、これからの「オープンスペースの（リ）デザインは、整備と運営がセットで検討される」ことを主流にすべきだと提起したい。

私は都市計画を専門とするが、とりわけ地域の様々な意思決定と事業の仕組みに関心を寄せており、現在は、都市の重要なストックであるオープンスペースや公共施設を地域でいかに活用できるか、その再生を通じて地域に新しい経済循環を呼び起こすことができるかに関心がある。そこでは都市の空間利用だけではなく、その事業設計や地域のガバナンスの検討が必要だ。私がそうした興味を持つようになったのは、地方都市の商店街で生まれ育ち、大学では政治経済学を学び、金融機関勤務等を経てから都市計画に転向したという文理融合、実務と研究を行き来してきた経緯があるからかもしれない。また、研究の当初五年間をニューヨークで過ごし、海外との相対的な視点からオープンスペースを見てきたという経験からくるのかもしれない。そこで本稿では、この四半世紀の間にニューヨークで起きてきたオープンスペースの再生と新しい運営の形に触れ、日本で私自身が関わっている公園やストリートの運営の変化とあわせて、特に運営という視点から、今後のオープンスペースのあり方に向けて提案をしたい。

変わりゆくオープンスペース

一九九〇年代からニューヨークを見続けるなかで注目すべきなのが、産業構造の変化に影響され、一度は見捨てられた場所が「オープンスペース」として再生し、その新しい運営の地平を切り拓いている事例である。代表的な場所が現在の《ブルックリン・ブリッジ・パーク》、《ハイライン》、《ブライアント・パーク》。いずれも、都市公園として再生された場所だ。

最初の再生事例は《ブライアント・パーク》だ。この公園は一八四三年に給水所の脇の広場として設

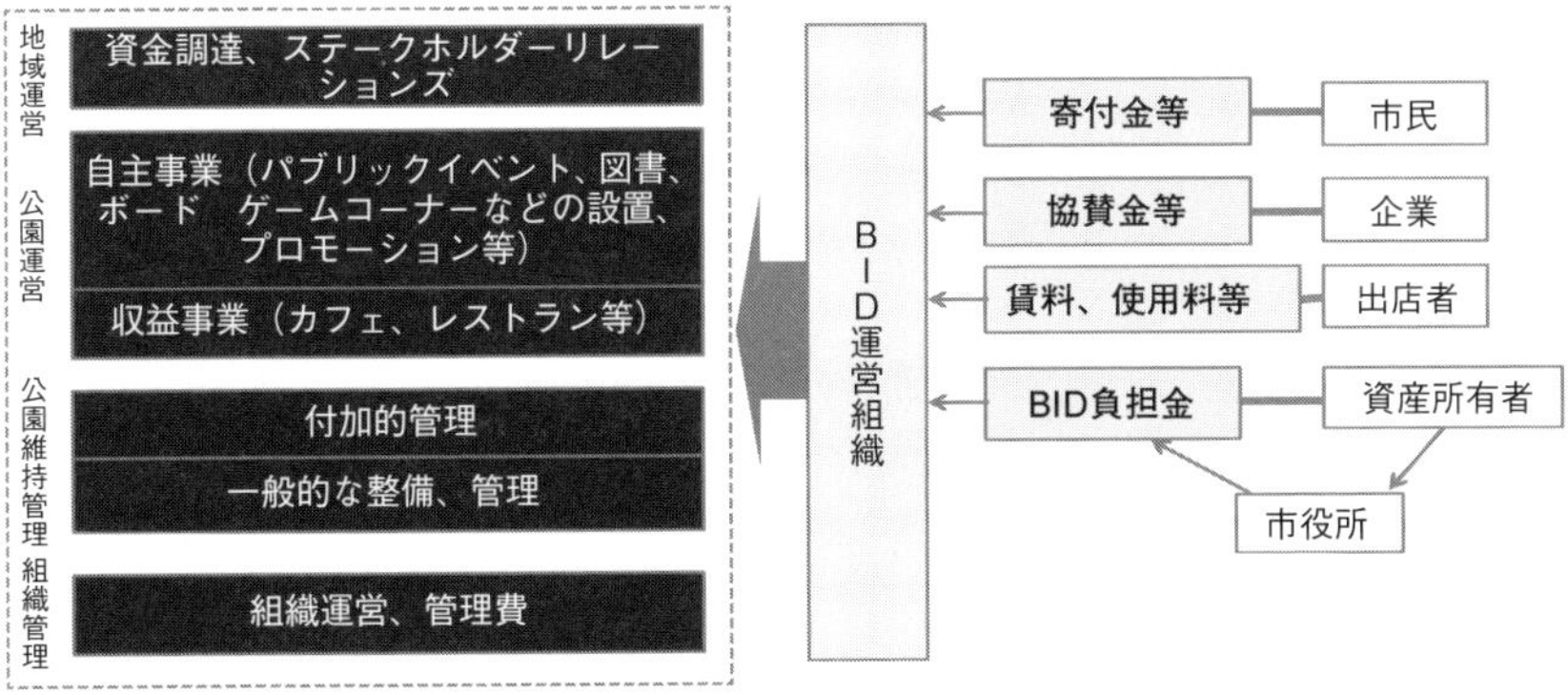

Fig.1　《ブライアント・パーク》運営の考え方

置され、のちに現在の都市公園になった。給水所跡地にはニューヨーク市の中央図書館が開業し、都心の公園として展覧会や市民運動の拠点として活用されてきた。しかし一九七〇年代、ニューヨーク市が財政難と治安の悪化に悩まされた頃から、公園内で麻薬売買が横行し、憩いの場としての機能を果たせなくなった。そのとき、財政負担をかけず公園再生を進める方策として提案されたのが、周辺の資産所有者の拠出資金によって運営されるＢＩＤ（Business Improvement District）の導入であった。ＢＩＤとは、特定地区の資産所有者の一定の合意に基づいて、その応分の負担を財源にしてその地区の経済振興のための事業を実施する官民連携の仕組みであり、州法にその根拠がある。事業は民間組織によって行われるものの、設立には市議会の承認が必要で、負担者による地区運営協議会の審議を経て事業が実施されるなど、通常の民間まちづくりと比べるとかなり慎重な導入・運営プロセスが確保されている。このＢＩＤの事業の核の一つが地区内のオープンスペースの利活用である。《ブライアント・パーク》の場合は、この拠出金で公園の再整備と新しい方式での管理運営が進められたが、徐々に、公園の使用占用料、協賛金といった別収入が増え、収益事業をもたらす新しい公園運営として注目されてきた。

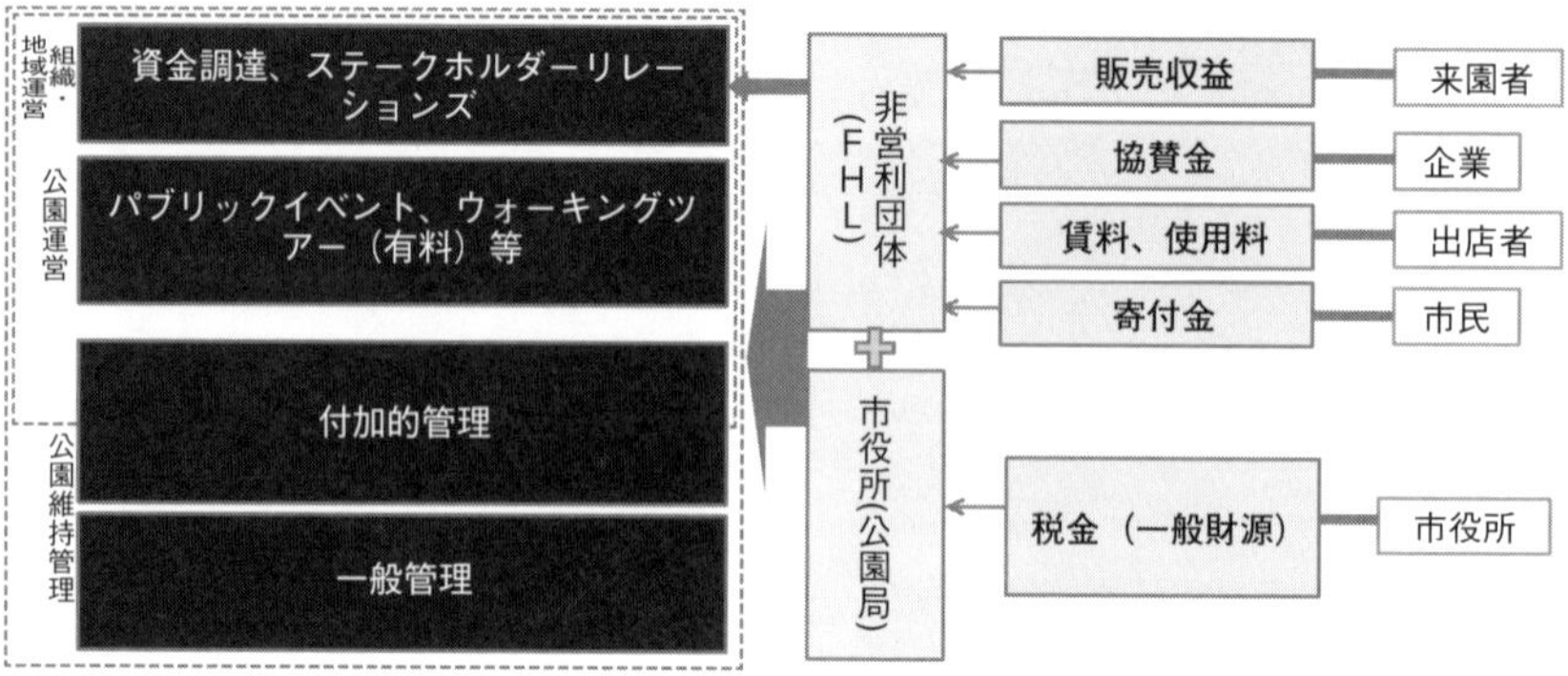

Fig.2　《ハイライン》運営の考え方

ＢＩＤが自らの資金で管理することを前提に新しく公園や広場がつくられる事例は増えており、近年の事例として、ハドソンスクエアＢＩＤが高速道路の出入り口周辺につくった《フリーマンスクエア》という小さな公園がある。倉庫から住宅へのコンバージョンが進むエリアで住民の憩いと交流の場づくりを行うことを目的に、地域の資産所有者らが行政に公園設置の提案を行って成功したものである。ここでも維持管理はＢＩＤの負担金と公園内で行われる事業の収益で行われている。

《ハイライン》は、一九八〇年に廃業となった貨物鉄道の高架橋を活用した公園である。線路が閉鎖された当初は近隣の速やかな取り壊しが望まれていたが、徐々に保全と活用を望む声が上がり、近隣住民が中心となって結成された「フレンド・オブ・ハイライン」（ＦＨＬ）という非営利団体が再生に向けての動きを主導してきた。この動きに呼応してニューヨーク市も再生に向けた検討を始め、二〇〇九年から新しい姿でオープンしてきた。何よりこの公園の特徴は、すべて官民連携によって設計、整備、管理運営が行われていることだ。設計や造園を担当するデザイナーの選定、運営方法などはすべて市役所とＦＨＬが連携して検討し、資金調達も共同で行われた。運営もＦＨＬと市公園管理局のパート

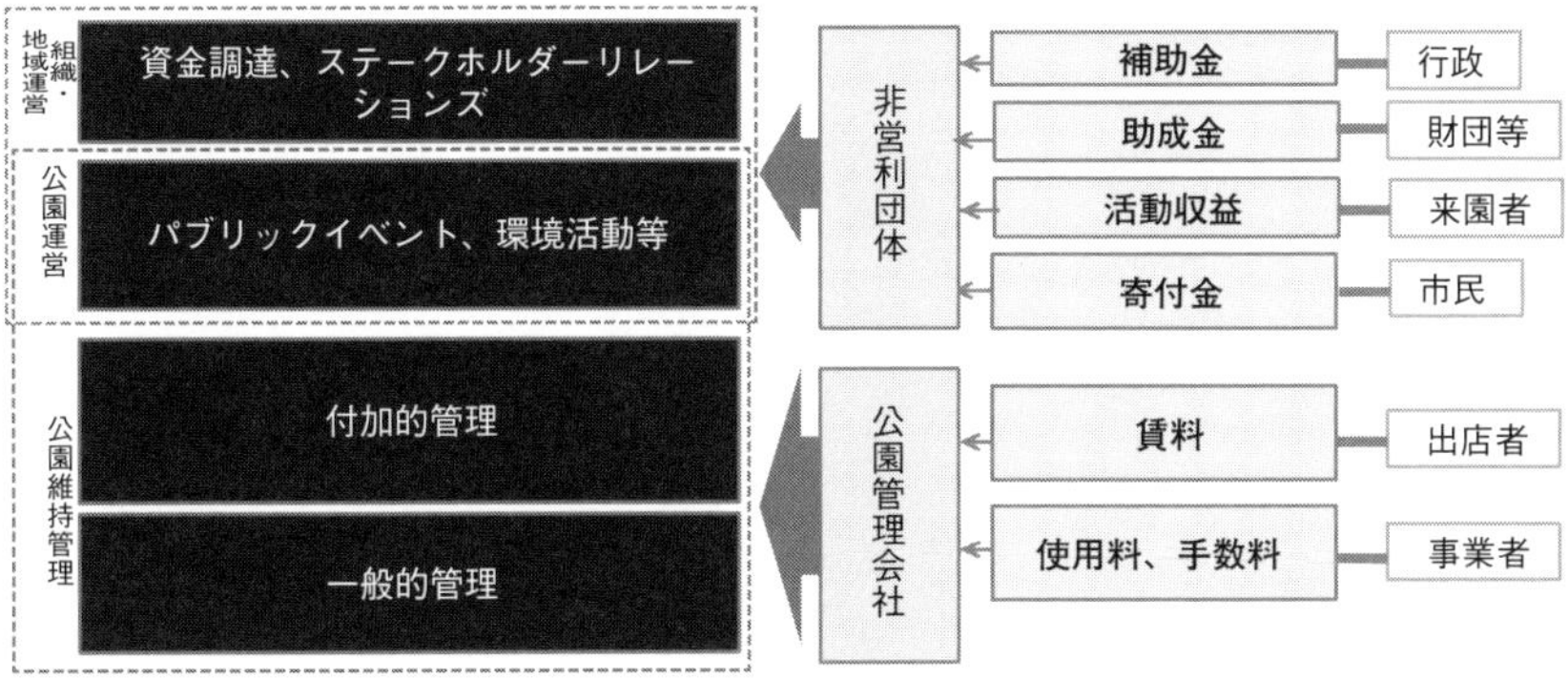

Fig.3 《ブルックリン・ブリッジ・パーク》運営の考え方

ナーシップによる。近隣コミュニティとの協力も盛んで、設計の初期段階では、近隣コミュニティの意見を聞くためのフォーラムが開催され、運営段階では、多数のボランティアが植栽の手入れ、イベント運営、資金調達に関わっている。

《ブルックリン・ブリッジ・パーク》は州政府と市政府の合意によって再生された河川沿いの公園であるが、その特徴は、公園内に収益源を設けることで財政的に自立した運営が実現していることである。ホテル、レストラン、スポーツ施設等、様々な有料施設が公園内につくられて収益を生み出しているだけでなく、集客の源にもなっており、散策、サイクリング等お金をかけずに訪れる来園者とともに活気ある雰囲気を生み出している。公園を維持管理するのは公園公社であるが、それと連携して様々な地域交流や環境活動等を行うのは非営利団体の公園保全団体であり、両者が車の両輪になりながらこの公園が運営されている。

これらの新しいオープンスペースに共通するのは、すべて徹底した官民の「協働」である。財政難はオープンスペースを整備再生できないことの理由としてもはや認められない。行政だけでできなければ民間が一緒に取り組めばいい。その方法も、ＢＩＤのような地域団体が自立して運営する方法（ブライアント・パーク）、行政と民間団体がすべて一緒に取り組む方法（ハイライン）、収益還元によって公園管理を行い、運営についてては地域に委ねる方法（ブルックリン・ブリッジ・パーク）など、様々な形が考えられることがニューヨークの経験から分かる。

協働型のオープンスペースづくり

日本においても、過去一〇年程の間にオープンスペースの運営が目まぐるしく変化している。特に公園と道路の変化を挙げてみよう。

一つ目は公園運営の変化である。都市公園の管理の民営化は指定管理者制度ができた二〇〇三年頃から進んできたが、単に行政よりも安価に管理するという考え方ではなく、公園を地域の様々な活動拠点とするために行政と管理者が積極的に連携する考え方も発展させてきた。例えば、多摩ニュータウン南西部の《長池公園》の指定管理者であるNPO「FUSION長池」は、もともと住民の暮らしを様々な角度から支援することを目的に地域活性化支援、住宅管理支援、住まい作り支援、高度情報化支援、地域広報支援などに取り組んできた団体であり、公園を単に緑と憩いの場として存在させるのではなく、企業、住民ボランティア、福祉団体等と連携し、ときに交流の場として、ときに地域運営を考え、実践する場として機能させてきた。

近年では、公園を地域の核と捉え、周辺との関係のなかで機能するよう設計から管理運営まで一括してデザインされる事例も生まれている。特に二〇一七年に行われた都市公園法の改正によって生まれた通称「パークPFI制度」が、それを後押ししている。大都市で注目される事例として、名古屋市の

《久屋大通公園》がある。名古屋の都心部・栄を南北につなぐ久屋大通は、江戸時代の街の骨格をベースにしながら、第二次世界大戦後の戦災復興事業の一環としてつくられた。主に防火のためのグリーンベルトを築くべく、名古屋の財界や市民の協力を得ながら整備された豊かな緑を挟んだ、幅一〇〇mの道路である。自動車産業を核とした都市であるとはいえ、地球温暖化への対応を考えれば、これからの都市は自動車だけでなく歩行者や自転車を含む「スローモビリティ」で快適に移動できる都市空間のあり方を考えなければならない。そこで名古屋市は、周辺道路の再編も含めた《久屋大通公園》(北部)の再生を掲げ、その第一歩として民間活力を取り入れた公園再整備を行うべく、広く提案を求めた。再整備にあたっては周辺の事業者や住民らとの積極的な連携を求め、そのための組織や連携事業を含めたエリアマネジメントの提案も求めた。すでに事業者は決定し、これからエリアの核になる公園施設の整備が始まる予定だ。

近年、多くの都市で行政を含む多様な主体の協議・連携を基礎に、地域の資源を活用し、その価値を上げる事業を自ら実施するエリアマネジメント団体が生まれており、新しいオープンスペースの使い方を提案している。そのなかには公園だけでなく、公開空地や道路等が含まれることも注目に価する。

例えば、池袋では、区役所、地域に拠点を置く企業や店舗などのステークホルダーが連携してエリアマネジメント協議会を結成し、国家戦略特区に指定されたグリーン大通りと南池袋公園をつないでオープンカフェやマルシェ等の事業を展開している。こうしたエリアマネジメントでしばしば課題になるのが、その事業を行う人材や組織である。池袋ではこれを外部団体に委ねる形とし、青豆ハウスやまめくらし研究所を手がける青木純、東京R不動産の馬場正尊らが設立した「nest」が担うことが決定した。二〇一七年からnestは南池袋公園とグリーン大通りをつなぎながら月一回のマルシェ、ウェディング、映画上映など様々なオープンスペースの活用方法を提案・実現している。乗降客数第二位の駅を抱えながら、若い女性の人口が減少傾向にあり、消滅可能性都市に入れられた豊島区の新しい暮らしの姿を可視化している。ここでは、自ら暮らしを楽しくしたいと思う人たちが、出店者、マルシェの運営を支えるキャスト、公園での企画者、そして参加者として当事者になれるプラットフォームになっていることに着目すべきである。オープンスペースが単なる憩いの場ではなく、市民の志を形にするチャレンジの場になっている。

人口成長期の都市の風景は、行政や企業など、「誰かが」つくって与えてくれるものだった。しかし、これからは構成員である市民自らが見てみたい風景をつくる必要がある。建物がないオープンスペースは、手っ取り早く風景を変えられる絶好の空間である。政策的にも、道路を車の通行だけでなく、人の営みが見えるオープンスペースの一つとして捉え直す動きが、都市再生特別措置法や国家戦略特区で認められた道路占用特例等で生まれている。こうした制度を活用しながら、警察や保健所、地元住民や事業者との協議を重ねつつ、オープンスペースで実現したい都市の風景を生み出そうとする取り組みを増やしたい。オープンスペースは、市民が自ら地域を運営する自治の実験場となる可能性がある。

オープンスペースの運営から都市経営へ

槇は、『漂うモダニズム』で、タウンホール、劇場、病院、スポーツ施設などの公共建築が整っていた中世のヨーロッパ都市と比較して、「江戸では神社仏閣や大名の居住する城郭以外には公共建築があまり建てられず、あったとしても街並みに溶解していた。そこには江戸で庶民文化が重視されていたこと相通じるものがある。まさにこうした庶民文化の重視こそが、江戸のバイタリティを生み出し、その後の江戸の都市としてのデザインの展開に重要なポイントとなった」（「多焦点都市東京と文化拠点の展開」）と指摘した。しかし、近現代の都市は、庶民文化のバイタリティと表裏の関係にある諸課題、例えば密集しすぎることによって懸念される災害時の安全安心の確保や混雑による利便性の低下などを重視しすぎて、オープンスペースの整備・管理の方向性を変えてしまった。公共施設が行政主導で税源だけでつくられるようになり、そうした事業に連動して生まれたオープンスペースは人々の暮らしから離れて、庶民の暮らしを無機的で受け身なものにしてしまった。庶民文化が都市で可視化されやすいのはオープンスペースだ。ストリートで戯れること、まちなかのオープンスペースに屋台のような簡易な店が並ぶこと、そこで食べながら飲みながら交流すること、人がたくさんいるなかでも子供たちが無邪気に遊ぶこと。庶民文化の日常風景としてはそんな光景が思い浮かぶが、残念ながら、これらは今日の公共空間で禁止されがちな行為ばかりだ。庶民は禁止ルールを受け入れる代わりに、無機的な生活と同質的な圧力に息を詰まらせてはいないだろうか。このように行政が公共分野を一手に担う力をつけてきた一方で、庶民のバイタリティを搾取し、サービスの受け手にしてきた近現代の都市経営を変えるきっかけとして、オープンスペースのルールや使い方を考えることは無駄ではない。

また、これからの都市という視点からも、オープンスペースの運営は重要だ。二〇世紀の都市ではサスキア・サッセンの『グローバル・シティ』で指摘されるように大規模な国際資本を誘致する力が重視されたが、これからの都市に重要なのは、二〇世紀型の重厚長大型の産業を刷新し、新たな産業を生み出す力である。そのためには多様な人材とクリエイティビティを包摂する力が重要だ。世界を見渡してみても、人材を呼び込む都市には豊かな暮らしの姿がある。魅力的な仕事場と住まいのほかに、多様な過ごし方ができる空間と機会がある。例えば、川辺のオープンスペースがつながっており、様々な人と語らうことのできるオープンカフェやバーがあって、家族や友人とアウトドアで映画やスポーツを楽しむ。このような「使われる」オープンスペースを生み出し、連鎖させるには、やはり管理者のルールでがんじがらめになった都市空間を開放し、新しい価値観によるオープンスペースの運営を考えなければならない。

では、庶民のバイタリティを取り戻し、都市の暮らしを変えるオープンスペースをどのように創出するか。本稿で紹介した事例に学ぶとすれば、徹底的に「協働」を進め、プラグマティックに役割とリスクの分担を進めること。そのなかで多様な価値観を受け入れ、稼いで還元するオープンスペースの形を実現することだ。冒頭でも述べたようにオープンスペースを創出するための行政とディベロッパーの連携はこれまでも行われており、公開空地が増え、その活用も進化している。しかし、ある企業が創出したオープンスペースをその企業が運営しているだけでは、単に窓を開けたに過ぎない。様々な主体が創出するオープンスペースを協働によってネットワーク化し、「地域」で運営してはどうだろうか。もちろん、「地域」を構成するのが大企業や資産家ばかりだと多様性の創出には限界があるかもしれない。シャロン・ズーキンは資産所有者が中心となって結成されるＢＩＤは、実質的に「持つ者たち」が街を都合よく管理するための手段にしていると批判的である。確かに、街にいるのは豊かな人だけではない、健康な人ばかりではない、街の運営体制を応援する人ばかりでもない。様々な課題を抱える人たち、価値観の異なる人たちをいかに包摂し、これからの創造的で包摂的な都市を演出するオープンスペースを作り出せるのかは課題である。こうした課題に対しては、市民がボランティアでも頑張ればいいではないかという意見がある。確かに受け身ではない市民が活動を先導することで、豊かな庶民文化を取り戻す可能性はある。しかし今度は、ほとんど無給のボランティアでは運営が続かず、結局、その運営が不安定になってしまうという弱点が指摘される。確かに、多くの市民団体で人的資源が不十分であったり、財源確保に苦労していたりする側面はどうしても否定できない。

つまり、①行政主導であれば安定的供給が可能だがデザインや運営が画一的で受け身な市民をつくり出すという弱点、②企業や資産家連合主導であれば優れたデザインや運営が可能だが多様な市民を包摂する視点が弱くなってしまうという弱点、③市民主導であれば積極的な暮らしの改善が可視化されるが運営は脆弱になってしまうという弱点がある。これからは、「地域」にこれらの連携事業体を結成して互いの弱点を補いながら、それぞれの強みを生かしていく方法を考えていくしかないのだ。

ただ、連携は「言うは易し、行うは難し」であり、時間もコストもかかる。新しいオープンスペースの提供が見込まれるのであれば、その早い段階から運営についても対話を進め、財源の創出方法、活動の展開方法等について知恵を出し合い、それらを組み込みながら空間デザインを検討するプロセスが重要である。既成市街地では最初から完成形を目指すのではなく、短期的で比較的低コストで進められる社会実験から始めてみるのもいい。マイク・ライドンが言うように、長期的な都市のビジョンを描きながら、短期的な戦術を積み重ねる「タクティカルアーバニズム」の考え方を導入するといい。

結局のところ、オープンスペースの議論は都市を誰がどのように経営するのかというテーマにつながっていく。今後もパブリックな課題は行政に任せて市民は受け手に徹し、資産所有者は自らが所有管理する空間のなかだけに安全で快適な暮らしをつくり続けるのか。それとも、すべての市民がオープンスペースを含むパブリックなサービスの能動的な使い手へと変化し、提供者である行政や企業、資産所有者と一緒になって、住みよい都市社会を形成するための活動を行っていくのか。そのことが問われている。かつて日本全国で資産価値が上昇していた昭和の頃と異なり、今日は、どこでも資産価値が維持され続けるとは限らない。住宅については生活利便性、街並み、教育・福祉サービスの質など、商業・業務についてはアメニティ、環境配慮など、様々な点で差別化が進み、地域間競争が激しくなっている。こうした環境変化に対応しながら、地域の価値（資産価値のみならず、居住価値、来訪価値など）を維持向上させるには、行政に課題解決を期待するだけでなく、ステークホルダーが主体的に連携し、求める価値やターゲットを選定し、事業を展開する、いわば地域の経営管理が必要になる。いわば行政の上乗せ的な地域の経営管理を、地方公共団体の内部に導入することもこれからは検討しなければならない。

参考文献

サスキア・サッセン『グローバル・シティ——ニューヨーク・ロンドン・東京から世界を読む』（伊豫谷登士翁、大井由紀、高橋華生子訳）筑摩書房、二〇〇八年

シャロン・ズーキン『都市はなぜ魂を失ったか——ジェイコブズ後のニューヨーク論』（内田奈芳美、真野洋介訳）講談社、二〇一三年

槇文彦『漂うモダニズム』左右社、二〇一三年

Mike Rydon, Anthony Garcia, Tactical Urbanism: Short-term Action for Long-term Change, Island Press, 2015.

Ⅳ オープンスペースをつかう

13

一〇〇㎡の極小都市
「喫茶ランドリー」から

田中元子
Motoko Tanaka

1975年、茨城県生まれ。株式会社グランドレベル代表取締役。独学で建築を学び、2004 年、mosaki共同設立。建築コミュニケーターとして、主に執筆とメディアづくりを行う。 2016年、「1階づくり」を軸に、アクティブな建築やまちをつくる株式会社グランドレベルを設立。主なプロジェクトに「パーソナル屋台」「パブリックサーカス」「喫茶ランドリー」ほか。著書に『マイパブリックとグランドレベル』(晶文社)ほか。

さよならコンテンツ

飲食店経営にもコインランドリー事業にも全く興味がなかったわたしが、ひょんなことから東京都墨田区千歳に、洗濯機のある喫茶店「喫茶ランドリー」を開いて、一年が過ぎた。目の前では、初めて来る子どもが早速よその大人に遊んでもらっている。ここはいつもそうだ。店の備品であるミシンやアイロンを使うひと、ギターを修理したり、ノートパソコンを開いたり、本を読んだり談笑したりぼんやりしたり、それぞれ自由に、気ままに過ごしている。なかには想定外の過ごし方が見られることもあるが、それがいい。そうなるように、ここを作ったのだから。わたしはここを作るけれど、ここでの過ごし方を決めない、と決めている。来るひとびとがしたいことをしてくれるのが一番いい。こちらが想像もしないような、思いも寄らぬ使いこなしが見られたら、それこそが本望であり、成功だ。ウサイン・ボルトの記録でベルが鳴るとか、メビウス状にしてグルグル回らせるとか、そんなの大きなお世話である。ここでは、ものすごいコーヒーを出しているわけでもないし、見たこともないくらい斬新な空間でもないし、最新のトレンドをキャッチアップしているわけでもない。そういった、具体的なコンテンツやエンターテイメントを提供するつもりはないし、それを受動させ、消費させることには、何の興味もない。そんなことにならないように、設計の段階から細心の注意を払った。それより、来るひとびとの能動性をどれだけ喚起させせられるかが、当初からここのテーマだった。

Fig.1　喫茶ランドリー 内観

→手前にフロア席、左手に半地下の席、奥に洗濯機やミシン、アイロンなどが備えられた「まちの家事室」がある。

Fig.2　喫茶ランドリー 外観

→オープンから1年で200以上の市民の活動ごとに利用された。軒先空間も自由に活用されている。

環境を見立てで使いこなす

「喫茶ランドリー」をオープンさせるまでに、コンセプトの布石となるようなプロジェクトをいくつか経験した。そのうち特徴的なもののひとつは「アーバンキャンプトーキョー」、もうひとつは「パーソナル屋台でマイパブリックをつくる」ことだった。

「アーバンキャンプトーキョー」は、アーティストの中村政人氏が率いるアートイベント「トランスアーツトーキョー」の一環として二〇一四年に初めて開催された。東京神田に現れた四〇〇〇㎡の遊休地を、わたしたちはひとときのキャンプ場にしたのだった。集客は予想以上で、反響も大きかったが、最初の回、わたしたちは大きな学びとなる失敗を経験した。このプロジェクトのために集められた仲間たちとともに、わたしたちは二泊三日の開催期間に合わせて、さまざまなコンテンツを用意したのだった。せっかく神田でやるのだから、キャンプにやって来る来場者に神田のことを知ってもらえたら、と思い、法被を借りて地元の町会の神輿を担ぐ体験だとか、街歩きだとか、夜になったら地元出身のミュージシャンによるライブなどなど、準備から開催まではもう、忙しく立ち回った。正直に言うと、自信がなかった。遊休地という殺風景を絵に描いたようなその敷地で、楽しんでもらえるのだろうか。何か、何かやらなくては、飽きさせてしまうのではないだろうか。そんな想いから、あらゆるワークショップやイベントを用意した結果、それらへのキャンプ参加者の関心や参加率は、惨憺たるものだった。ほとんど興味を持たれなかった。しかしアンケートには皆、アーバンキャンプをこれからもやって欲しい、また来ます、などなど、非常に満足そうな内容ばかりだった。彼らは、わたしたちが必死で用意したコンテンツなんてなくても、最高に楽しんでいたのだった。むしろ、そんなものがないことを楽しんだ、と言ったほうがいい。神田の一等地にテントを張って、そのなかで和やかにお茶を飲んだり絵を描いたり、本を読んだり、あるいは地の利を生かして、外の街にどんどん出て行くひともいた。一日中テントに引きこもるひともいた。夜に火をたいていると、特にかけ声をかけなくても、だんだんと参加者が集まってきて、参加者どうしが自然とコミュニケーションを楽しんでいた。

これがキャンプというものか。わたしたちは、気付かされた。野や山にキャンプに行って、植物や川の水が、いちいち歩み寄ってくるだろうか。せっかくだから、僕たちをもっと知って！　ワークショップやろうよ！　そうではない。キャンプをするひとびとは、物言わぬ環境を、自分たちなりに見立てて、それを楽しんでいるのだ。ひとによっては、またタイミングによっては、枯れ葉はふわふわのクッションかも知れない。太く伸びた枝は、ハンモックをかけるのに丁度いいかも知れない。清水は飲み水であり、同時に冷蔵庫かも知れない。そういった見立ての楽しみは、見立てる本人が自分の能力を自由に発揮する、至って能動的ないとなみである。

こと、現代の環境を見渡すと、そんな機会が乏しいことに気付く。提供する側としてはよかれと思って、さまざまな機能や意味はどんどん具体化され、それらに囲まれたわたしたちは、ただ受動する機会にのみ、恵まれるようになっていった。そうした環境はいわゆる便利で、ここで批判するつもりはないけれど、ただ、能動的でいられる機会はそのぶん減ってしまっていること、しかし能動的であることはやはり楽しいということは、言っていいと思う。

能動的であること自体が、楽しいのだ。能動性という自分に備わっている感覚を、ほんのちょっと喚起させられるだけで。わたしは「喫茶ランドリー」を、ひとびとがそれぞれに、自分の能動性を味わえる、そんな空間にしたかった。肝心なのは、ほんのちょっとの喚起だ。そのことを、もうひとつのプロジェクトで知ることになる。

自家製公共を通して

わたしは趣味で、道ばたに「パーソナル屋台」と名付けた自前の屋台を出して、コーヒーを淹れて無料で通行人にふるまっている。無料だから、屋台には誰でも来ることができるし、実際、誰が来てもいい。どんなに金持ちそうなひとにも、貧しそうなひとにも、等しく一杯のコーヒーをゆっくり淹れて、しばしの会話を楽しむ。わたしはこのひとときを、マイパブリック=自家製の公共と呼んでいる。なぜこんなことをしているかよく訊かれるが、やってみればわかる。ボランティアとか施しなどという立ち位置ではなく、とにかく自分が楽しい。たったひとときでも、自分が公共を作れることは、快楽である。これは、特に東京都心にいるから感じたことなのかも知れない。

暮らそうが遊ぼうが、もはや人間のスケールからは程遠くなってしまったこの巨大都市において、身近なところで公共と呼べるものは、すっかり見つけづらくなってしまった。公園にはどんどん禁止事項が増えていくし、公開空地はまるで公開しようとしない。こんなに歩き疲れる都市のなかで、ベンチのひとつも見かけることは難しい。図書館や公民館ですら、肥大化したまちのなかでは、影を潜めてしまう。華々しいのは田舎のロードサイドによく見られる大手資本チェーン店ばかりだ。みんな、口を揃えて言う。まちに何かを開きたくても、管理が大変だから、クレームが出るから、あるいはそこにお金をかけても、何の足しにもならないから、と。おかしいんじゃないだろうか。ひとが豊かに暮らすことに対して、豊かさとは主観でしかないからとかリスクを伴うから、といった理由でやめてしまうことのほうが、わたしは不思議だ。人間は誰だって、地球の裏側まで回ったたって、ひとの気配に安らぐし、やさしくされたらうれしいし、やわらかいものは気持ちいい。大幅に違う点は、それらと「いつ、どのように」出会えるか、ということだけである。すると、そのことを議論する土壌を耕すことから始めよう、なんてことになる。そうやってモタモタしていては、都市における公共は、いつしか息絶えてしまうのではないだろうか。いつまでもグズグズしていたくない。わたしひとりで今すぐできることをやりたい。

Fig.3　パーソナル屋台

それを実現させてくれる装置が、自前で個人的に持つ、生業ではない趣味の屋台「パーソナル屋台」だ。屋台さえ携えていれば、公共施設や公共機関ではないとしても、道行くひとびとと即席で、公共的な関係を築くことができるのだ。お礼を言ってくれるひとも、面白い話を聞かせてくれるひともいる。逆に、図々しいひと、世知辛いひともいる。どんなひとのどんな反応にも、わたしはただ、驚かされるだけだ。友人や家族と違って、会ったこともない通行人に、何も期待しないからだ。だから、ギブアンドテイクなどではない。マイパブリックをつくるよろこびは、ギブのみで完結する。

大事なことは、まちのなかで行うことだ。屋台に立ち寄ってくれるひとも、もちろん、そうでないひともいる。訝しい、あるいは好奇の眼をしながら、通り過ぎてゆくひともいる。きっといろいろ考えながら。何をやっているのだろう、へんてこだな、次見かけたら寄ってみようか。ポーカーフェイスを装いつつ、実はさまざまなことをこころに想いながら過ぎ去るひとにも、屋台やそこに立ち寄るひとびとが視認されることは大事なことだ。屋台を出す場所が密室では、何が起きているかわからない。つまりほとんどの通行人にとっては、何も起きていないことになる。ささやかでもひとときでも、とにかく今日は、いつものまちに何かが起きている。そのことをわたしは、風景としてつくって見せたかった。だから屋台もコーヒーも、わたしの直接的な趣味や関心ではない。それらは手段でしかない。

クリエイティビティを暴発させる

この、ちょっと変わった趣味をひとに勧めたくて、わたしは時々「パーソナル屋台」のワークショップを開催している。実際に屋台を作ってまちに出るものもあれば、自分が屋台を出すとしたら、どんなものやことをふるまうだろうか、まちのどこに出すだろうか、と構想してもらうものまで、形式はいくつかあるが、共通して全行程をひとりで行ってもらう。グループワークなどをしてアイデアを丸くさせたくない。角が取れた丸いアイデアには引っかかるところがない。つまり、まちで実現させても、何のフックにもなりえないからだ。まちのため、ひとのためなんて思わないで、ましてや誰かに受けるとか、賑わいづくりのために、なんてとんでもない。ただ自分が好きなことを、まちのなかでやるだけだ、それが「パーソナル屋台」なのだ、と言う。ワークショップでは学生や社会人など、これまでに一〇〇〇人以上の参加者に出会ってきたが、驚くべきことに、全員が全員、面白かった。屋台を出す場所の選び方ももちろんだが、何をするか、というアイデアが、本当にユニークなのだ。

そもそもユーモアとは何か。それは元々共有しているものを楽しむのではない。共有ではなかったはずの異物をコミュニケーションによって共有へと転換させることではないだろうか。だからアイデアはデフォルトで異物であることが好ましいし、異物であるためには、そのひとでなくては出せないものしかない。ベトナム料理を食べながらゴルフのパターを練習する屋台、きれいな夕暮れを背にして包丁を研ぐ屋台、自分の文具コレクションを披露する屋台、世界中のラジオにチューニングして音楽を届ける屋台……もう、意味がわからない。肝心なのは、そこだ。こちらの想像力を絶し、もはや意味のわからないもの。それこそが個性であり、人間という生物としてはほとんどの点で共通しながらも内実が大幅に異なる、他者というものの存在価値だと思う。この祝福すべき他者性とは、彼・彼女らがいきいきと能動的であるときに暴発するのだということを、わたしはワークショップを通して学んだ。まちとは、社会とは、他者性というクリエイティビティが暴発する場所であって欲しい。そうした状況がまちにあっけらかんと存在することが、多様性社会と呼ばれるものではないだろうか。

能動性の暴発とは、ただ真っ白な画用紙を渡すだけでは見られない。補助線を引いたり、うっすらと下絵を描いたりすると、そこからならやれることが、いきなり増える。当然、描きすぎてはいけない。前述した「アーバンキャンプでの失敗がいい例だ。ひとびとは補助線や下絵を、自分なりに見立てることによって、能動的に手を動かすことができるようになるのだ。ワークショップも、まちのなかで好きなことをしましょう、だけでは成り立たない。パーソナル屋台を出す、と仮想させることが、補助線の役割を果たす。

ダサい器では食事もしたくない。いつもの器では、いつものようにしか動かない。カッコ良すぎる器なんて、触れるのも躊躇する。では、ちょっとすてきな器だとしたら、どうだろう。そこに何を入れようか、どう彩り、誰と食べようか、想像力を掻き立てられるのではないだろうか。想像力を掻き立てられるような質の良い器を、空間として実現できないだろうか。そんな想いが「喫茶ランドリー」のコンセプトとなった。

地と図を反転させるために

「喫茶ランドリー」は、一〇〇㎡の最小都市だ。コーヒーも洗濯機も、口実でしかない。誰かに会いに来る、ひとりになりに来る、何かをやりに来る、特に何もしないという時間を過ごしに来る……老若男女さまざまなひとの望むくつろぎかたには、それぞれのかたちがあり、それらが素直に実現されるような場所を目指した。そのことが、地縁もなく地域コミュニティにも属さない全くの余所者である自分がひっそりと始めた店にもかかわらず、オープン後数カ月というスピードで具現化されることは、全くの予想外だった。そしてひとびとの使い方のバリエーションもまた、想像を絶する豊かさだった。

仕事場にしようと思って置いたデスクは、パンをこねる台として使いたいと言われた。喫茶コーナーは、親戚一同が集まる忘年会の会場になったり、かと思えば企業の勉強会が開催されたりする。ミシンやアイロンも置いたけれど、そのことによって教え合いや友人と楽しむ、といったコミュニケーションが発生するとは、想像をはるかに超えていた。エントランスの花壇や店内に飾られた生花は、近隣の住民が手がけているものだ。

そのような別々の過ごし方をしていながら、ひとつの空間を共有する、というこの店の使い方を、ここに来るひとびとは互いに、暗黙の許容としている。そのように使いやすいよう緻密にデザインしたからこそ成立するわけで、ただのヴォイドを勝手に使って、と開放しているわけではない。この店で感じられる自由は、そのひとなりの自由のかたちが叶うように、企てられ、仕組まれ、設えられているのだ。

この店がひとびとの能動性によってハッキングされているさまは、本当にうれしい。都市とは、オープンスペースとは、実際こうであったらいいのに、と思う。そこは社会とか現代と呼ばれるものの縮図だからだ。

オープンスペースにおいて、もっと自由な活動を、コミュニティを、という訴求の前に、まず市民がそうしたくなる場所かどうかは、大前提として問われなくてはならない。ひとは物的環境にアフォードされて、自ずとふるまういきいきとふるまいたくなる場所、そう使われるよう設計された場所にしか、そのような光景は実現されない。全く考えられずに漫然と出来てしまったデッドスペースを、後付けのように市民に開放だとか活用のためのワークショップだとか、本当に意味がない。

ひとの能動性は管理しにくいと思われがちだ。だが豊かさとリスクはいつだって天秤上の関係にあって、そのどちらにも完全、完璧はありえないし、絶対的に正しいマネージメントもまた、ないだろう。ただひとつ言えるのは、オープンスペースなるものに一体何を望むのか、といった問いに対峙し、哲学とデザイン、そして勇気をもって回答しない限り、いつまでたってもそれは、建物やインフラのあまりでしかないということである。このことは、オープンスペースを社会や公共に置き換えても、同じことが言えるのではないだろうか。完全には自分のものにならない。だけど、自分のものでもある権利があり、その権利がどのように行使されるかという様子に、豊かさが実る。そういった類のもの、すべてに対して。

14

ストリートは誰のものか?

——「道」としてのオープンスペース

泉山塁威
Rui Izumiyama

1984年、札幌市生まれ。東京大学先端科学技術研究センター助教、（一社）ソトノバ共同代表理事。専門は、都市経営、パブリックスペース・エリアマネジメント、タクティカルアーバニズム。エリア価値向上を目指し、仕組みや制度、ビジネスモデル、公共空間利活用、社会実験、アクティビティの研究及び実践中。著書に『市民が関わるパブリックスペースデザイン』（共著、エクスナレッジ）、など。

道についての問題意識

ストリートは誰のものだろうか。そう考えたのは、とある道路空間活用の社会実験プロジェクトに関わったときであった。プロジェクトの会議や調整では、行政、商店街、町内会、沿道の地権者、テナントなど多くの関係者が関わった。許認可では行政のほかにも、警察や消防署、保健所に許可書類を出すほか、沿道地権者やテナントに説明に行った。所有や管理は行政が担当しているものの、実に関係者が多く、道路のガバナンスは複雑かつ、煩雑であることがよくわかった。道路で何かをするのはあまりにも手間が多いのである。

人類学的に見れば、道は元々狩猟に行く際に、動物や人が同じ場所をなんども通ることでできた「けもの道」や、集落間の交易によって自然発生的に生まれた道がはじまりとされ、人々の交通のみならず、様々なアクティビティがその基本となっていた。他方、現代では、道は道路と呼ばれ、車が通行できるようにするためにアスファルトで舗装され、都市の基盤となっている。交通のみならず、道路の地下には、水道や電気、ガスなどのインフラ網が張り巡らされている。道路法を紐解けば、「道路は交通を目的」とされ、自動車や人が通過するものと定義されている。しかし、地方都市がモータリゼーション（自動車社会）によって車中心の生活になり、中心街から人が消え、シャッター商店街が広がっている。交通だけの道は、どこか街や都市を寂しくしてしまう。誰もが道路を通過するだけだとしたら、道はいったい誰のものなのだろうか。

槇氏の「アナザーユートピア」には、「道も、いうなればオープンスペースなのだ」という言葉があった。建築や都市はそもそも人の生活を豊かにするための手段であったはずだが、いつの間にか、「建築で稼ぐ・つくる」「都市をつくる」という趣向に変わってきている。ヤン・ゲールの『人間の街』（鹿島出版会）でも説かれているように、空間や建築から考えるのではなく、「人のアクティビティから考える」という思考から、道としてのオープンスペースについて考えてみたい。

道路で振る舞われる人のアクティビティ

アイレベルで見れば、道には、自動車や人の「交通」だけではなく、多くの人々の「アクティビティ」（滞留行動）が過去にはあった。

江戸時代には、露店商や屋台を引く蕎麦屋など、「道」で商いが行われていた。「江戸商いの棚」と言われるように、店が大通りのような道に沿って両側に並ぶ現代の商店街のような形態は、江戸期から生まれたとされる。そこでは、飲食や物販など様々な商人が集まり、生活や経済の基盤になっていたと言える。路地や長屋などがあるような道では、井戸端会議や住民同士の生活の場になっていた。明治期になると海外より様々な文化が入ってくるようになって、馬車が往来し、それにあわせて道も次第に舗装されていくようになった。商業地の路上では露天商が商売を始め、徐々に成長し店舗を構えていくようになった。道はビジネスが生まれる場でもあった。

また、筆者の原風景にはないが、戦前のモータリゼーションが到来するまでは、子どもたちは道遊びをしていたとよく聞く。キャッチボールや地面へのお絵かき、子どもとおじいちゃんの会話といった風景はよくアニメなどでも描かれ、コミュニティを語るうえでも頻繁に取りあげられる話題である。戦後も商店街などのホコ天（歩行者天国）でのイベント・お祭りや、店舗前のベンチなどでゆっくり休憩やお茶を飲むなどのアクティビティが存在していた。

昨今では、路上ライブから多くのアーティストが生まれたり、ダンスやお笑い、演劇など多くの文化や表現の場としても機能し、若者が集い、交流し、ときに羽目を外す場ともなっている。

道路は、人々のアクティビティが溢れる舞台であり、商い（経済）と生活の基盤であり、文化やインキュベーションの場であるといえる。

「道路」と「街路」の違い

そもそも日本語において、道には様々な呼び方がある。「路」「辻」「径」「筋」「通」等、漢字一つとってもバラエティ豊かである。地方ごとにも特色があって、たとえば大阪や神戸では、南北を「筋」、東西を「通」と呼んだりする。また、別の漢字と組み合わせれば、「大路」「四辻」「小径」「通路」等、バリエーションは数えきれないほどある。こうした語彙の豊富さは、道におけるアクティビティが豊かだったことの証左かもしれない。

私たちが普段使う「道路」は、英語ではロード（road）と呼ばれ、主には自動車交通を主とした地方道路の意味合いが強い。ストリート（street）といえば、人々が密集した都市や市街地内の道を指し、日常的にはあまり使われないが、日本語の「街路」と等しいだろう。「道路」は空間的にも路面だけを指すのにたいして、「街路」には沿道の建築や街路樹など都市として必要な機能も盛り込まれており、建築が立ち並ぶ街並みや景観も街路には欠かせない要素である（Fig. 1 ①）。日常的にはあまり使われないと書いたが、実はかつては「街路」という法的概念があった。大正時代に街路構造令が制定され、車道と歩道を区別し、街路樹などの緑やオープンスペース、広場の機能が重視された。「街路は交通の用に供するのと同時に沿道土地の経済活動力を増進させる」（「道路職員必携」一九三七年）とまで記されており、当時の共通概念であった（戦後の一九五二年に廃止）。歩道に広場があることやそれが沿道の土地や建築の経済活動に寄与すると考えられていたのは、現在の道路法や道路の概念にはない発想である。

「街路」の概念が法的にはない現代において、人々のアクティビティと、現在の道路の法体系とのあいだにギャップが生じているといえないだろうか。「街路」（ストリート）という言葉にあらためて光をあて、道を捉えなおしてみる時機に来ている。

道路の規制と規制緩和の流れ

豊かなアクティビティを生んでいたと思える日本の道が次第に、がんじがらめのルールに縛られ、やせ細ってしまったのはなぜだろうか。それには、三つの契機があったと私は考えている。

一つ目は、戦後の闇市撤廃である。戦後の道路空間にはたくさんの露店商があふれ、そこが商いの場になっていった。やがて違法建築なども増えていったことなどもあり、闇市の撤廃が行われ、道路空間という公共の空間から私権が制限されていく。

二つ目は、新宿西口地下広場における一九六〇年代の学生運動の集会の規制である。「新宿西口地下広場」は、「新宿西口地下通路」と書き換えられ、通路なので、留まってはいけないという概念が提示され、規制の根拠となった。

三つ目は、原宿のホコ天廃止である。自動車交通規制をした歩行者天国では、個性的な店舗の集積とともに、若者の文化の発信地となり、タケノコ族によるダンスや音楽パフォーマンスが路上で行われていた。バンドブームとともに近隣住民への騒音問題と交通渋滞問題の発展によって、ホコ天は廃止される。

これらの三つのトピックはいわば象徴的な出来事であり、まとめれば、①道路という公共空間からの私権の制限、②アクティビティや滞留することの制限、③道路で振る舞う文化やパフォーマンスの制限、こうした制限が積み重なって、今の公共空間への時代認識がつくられてきた。

他方で、近年は緩和の動きも見られている。二〇〇〇年代には、全国各地で道路空間を活用した社会実験が実施される。一九九八年の中心市街地活性化法によるＴＭＯ（タウンマネジメント組織）の動きや、国土交通省道路局による社会実験補助金制度などもあって、全国各地で道路上にオープンカフェ社会実験が実施された。また、二〇〇一年に小泉純一郎政権に変わり、「官民連携まちづくり」、「民間主導の都市再生」が打ち出された。ＰＰＰ（Public Private Partnership）や公民連携と今ではよく使われるようになった概念もこの頃からだった。様々な規制緩和の中の一つに公共空間の規制緩和があった。都市再生では、容積率緩和など都市の再開発を保進する動きもあったが、指定管理者制度の創設や民営化など、公共施設や公共空間の担い手を民間や地域に解放し、発想の転換と選択肢が増えたことは評価できる。

その後、規制緩和は加速し、今では、公開空地、河川、都市公園、道路などにも広がっている。二〇一一年の道路占用許可の特例や道路法などの改正で、道路上でオープンカフェや広告などのまちづくりを目的とした収益事業を可能とした。また二〇一六年には道路協力団体制度ができ、道路管理者が地域のまちづくり団体やエリアマネジメント団体を「道路協力団体」に指定し、道路の維持管理や普及啓発活動などを協力して実施できる制度もできている。こういった法改正や制度創設により、現在、全国各地で、制度の検討、空間整備の検討、利活用のあり方、エリアマネジメントの検討がなされている状況である。

道路活用における課題

道路活用の現状としては、前述のように、二〇一一年以降、道路占用許可の特例による活用や社会実験が実施されている。活用される場所は、歩道のうち、①地先、②車道側の歩道、③ホコ天などによる車道の活用（国家戦略特区や地域のお祭りなど）が主である（Fig. 1 ②）。

道路内建築の事例も、「新宿モア4番街」（東京都新宿区）、「新虎通り」（東京都港区）、「大通すわろうテラス」（北海道札幌市）などが出てきており、道路上の仮設建築に店舗などが入り、道路で場をつくりだす取り組みも出てきている。ここでの店舗は、エリアマネジメント団体のもと、道の運営者（一部）を担っている。

しかし、現状の課題としては、警察の道路使用許可の緩和はなく、現場ではその都度の警察との協議に苦労している。根本的には、現在の道路法は、交通機能が道路の目的とされているため、人々が広場のように自由に使うことを認める根拠はどこにもなく、担当者の心理や地域の町会、商店街におけるこれまでの祭りなどの慣習や人間関係などで認められている部分が大きい。警察は交通管理者としての立場ではあるが、治安維持も担っていることから、事故や混乱を招く恐れのあるリスクを除外する傾向にある。また道路使用許可は警察署長の判断となっており、法的な制約はない。地域差もあり、地方都市のなかで自動車交通量の少ない場所では許可がされ易い傾向にあるが、歩行者も多く、治安が悪く、リスクの多い商業地や繁華街では厳しい傾向がある。町会、商店街との連携でようやく警察協議が通るなどの例もよく聞く。この辺りは、行政と地域、エリアマネジメント団体が、公的な責任や役割を整理したうえで、実績や信頼関係を地道に築いていくほか、現状では打つ手がない。

また、道路空間を活用していく運営ノウハウの蓄積、資金面や人材の課題も残っている。各地の実践で試行錯誤も続いているが、未だ王道的な手法としては確立されておらず、人件費や活動経費を賄う最低限の収益を稼ぐ手法は模索されている。また、活用形態は、社会実験のような期間限定、仮設のものに留まっているものが多く、日常的かつ常設的な道路空間活用はまだまだ事例も少ない。

道のこれから——ストリートライフとアクティビティ

近年の道路空間利活用の事例も増えてくるなかで、道のこれからを考えたい。大きく三つに分類できる（Fig. 1③）。

①沿道にはみ出す軒先（FRONTAGE）

都市部での道路では、沿道店舗や地権者との関係は欠かせない。これまでは道路を活用するという想定が端からないので、沿道店舗もどこか無関心な場合が多かった。地方都市に行けば、自分の店舗を掃除して、手をかける姿も見受けられるが、都心では少なくなった。こうしたなか、愛媛県松山市の「花園通り」では、再整備にあたり、沿道の用途や街区の大きさによって、歩道の使われ方を変え、広場的な場所や、ベンチが多い場所など、一つの道路でもその姿、形、使われ方を多様にしている。海外の道を見ても商業地は、オープンカフェがあったり、簡易なベンチが店先に置いてあるだけなど、場所によって使われ方は異なっている。価値観が多様化した成熟社会であるからこそ、沿道建築の用途や地権者、店舗の意向によって、周辺関係者や行政と相談のもと、軒先が道にはみ出して行く姿はありうる。それによって、自分の店先や周辺を店主が掃除したり、まちづくりなどにも関わってもらうきっかけとなれば、一人一人が参加する、真のパブリックに近づくのではないだろうか。

②ストリートライフゾーン（STREET LIFE ZONE）

海外のオープンカフェは軒先利用が多いのに対し、日本でそれが進まないのは、バリアフリー点字ブロックの敷設が沿道建築側に設置を誘導されているという点やカフェなどの民間が自治体に直接許可申請できない点もある。

地先が利用できない場合で、歩道が比較的広い場合は、歩道の車道側を活用することができる。サンフランシスコ市のマーケットストリートで、ストリートライフゾーンを導入した再整備計画が進んでいる。[★1] ポートランド市でもファーニッシュゾーンという類似したものがある。オープンカフェや可動ベンチなど、沿道店舗や土地利用によって、人々が利用することを想定した空間である。ストリートライフゾーンもこれに近く、エリアによっては、バス停など交通ハブになるエリアもあれば、まるでリビングのように使われる空間もある。軒先と同様に、道として同じ使われ方ではなく、エリアや沿道建築との関係のなかで、道にコミットしてもらい、共同でマネジメントをしてもらうきっかけともなりうる。

③縁石沿い活用（CURB）

最後に、車道の活用である。歩行者天国やお祭りなど、あるいは国家戦略特区などで、自動車規制による車道活用はあるが、日常的に実施するのは歩行者専用道路に整備する以外では難しい。

サンフランシスコ市では、パークレット（Parklet）という取り組みが始まり、現在では世界中で展開されている。日本でも近年、「Shinjuku Street Seats」（東京都新宿区）、「ISEMACHI Parklet」「プリンセスパークレット」（ともに、愛知県名古屋市）、「御堂筋パークレット実験」（大阪府大阪市）、「ＫＯＢＥパークレット」（兵庫県神戸市）など社会実験レベルで試行されている。

パークレットは、路上駐車場（Parking）を公園（Park）にするPark（ing）dayがことの始まりであり、サンフランシスコ市が政策化したものである。路上駐車場二台分のスペースを沿道店舗やＢＩＤ（Business Improvement District）が市に申請し、歩道とフラットな広場スペースに、ベンチや可動椅子、植栽、交通防御壁などを申請者が費用負担し設置する。市はパークレットマニュアルに基づき、交通安全対策やパークレットの趣旨に反していないかをチェックする。管理も当然ながら、沿道店舗が行う。自ら設置し、自ら管理することが、パークレットに愛着を生みだしている。

パークレットの仕組みは、世界中に展開されただけでなく、車道の一部（一車線）を活用するという発想を世の中に与えた。これは、ホコ天のように全面車両規制するのではなく、一部を使うことで、ホコ天よりもハードルを下げて道路を活用する可能性を示した。特に歩道が狭く、活用できない場合に有効である。日本でも「神田警察通り賑わい社会実験★2」（東京都千代田区）や「出張芝生」（山口県宇部市）などで、その発想は持ち込まれ始めている。もちろん、車に対する交通安全対策は必須で、基礎や仮設ガードレールなどそれなりの対策も求められる。このような様々な道の使い方の実践や発想から、それぞれの街

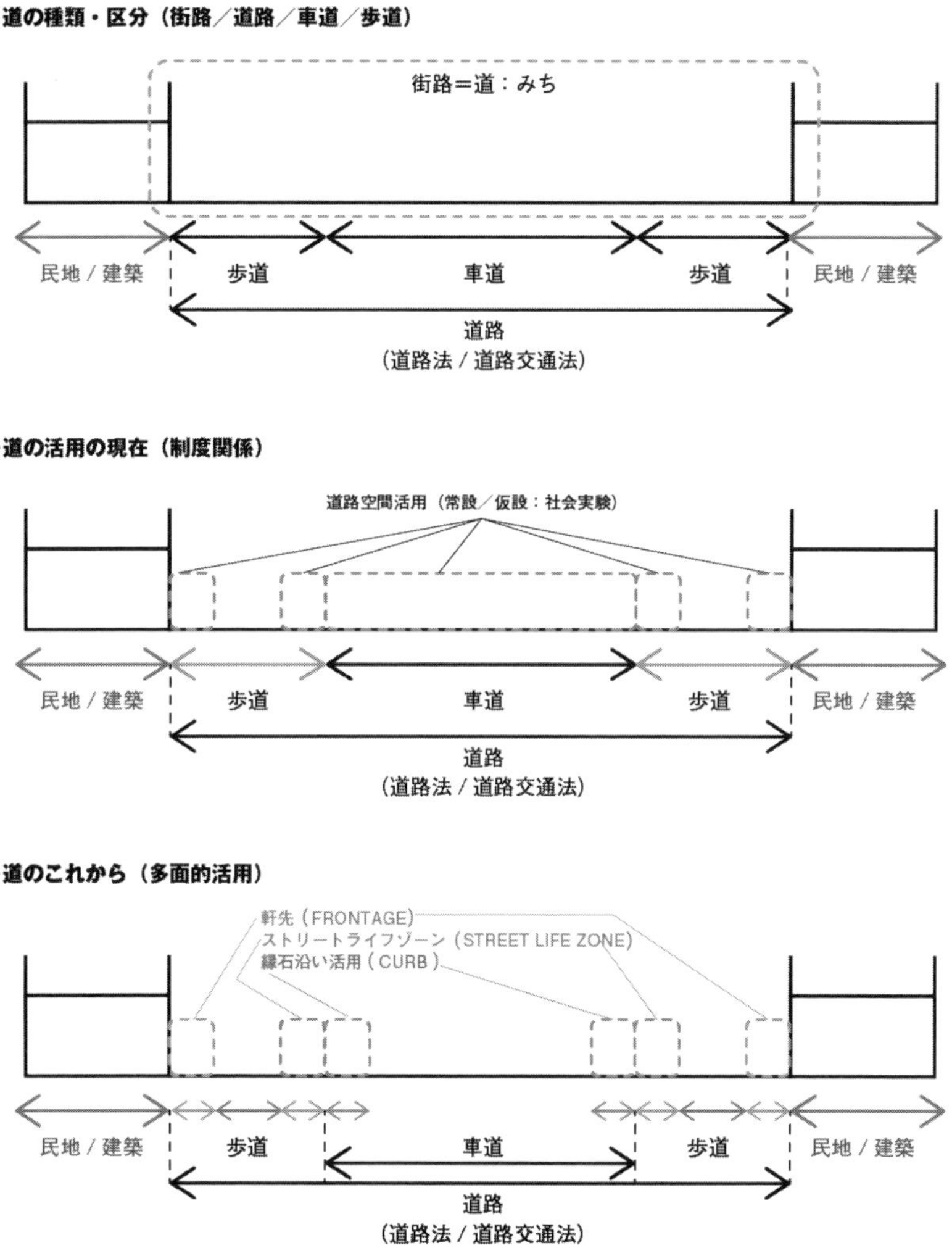

Fig.1　道のこれまでとこれから

で必要な戦術を取り、日常的なストリートライフを過ごせる道をつくっていく。日本でも世界中の都市でも挑戦されていることではないだろうか。

自立したストリートマネジメントへ

最後に、これからのストリートライフやアクティビティと、ストリートマネジメントの関係を整理してみたい（Fig. 2）。

ストリートライフやアクティビティは、路上での商売（歩行者と商人）、コミュニケーション（歩行者と歩行者）、パフォーマンス（歩行者とパフォーマー）といったように、人々の間で価値の交換がなされている。あるいは、一人ひとりが想い想いに佇んでいる。

このストリートライフを支えるために、まず市民が税金を払い、自治体が道路交通インフラや道路の交通・通行を提供している。店舗など商いをする人は商店街に会費を支払い、アーケードの整備・管理や販促イベントなどを提供している。新たな流れとして、エリアマネジメント組織が商店街などと連携し、各行政機関に許可を申請し、道路空間の維持管理や活用を行っている場合もある。しかし、道路の所有、管理、責任を担うのは行政である以上、行政次第では、何もできない道路になってしまうという事態にもなりかねない。

しかし、行政計画では、道路をどうしたいかという方針を立てにくく、沿道地権者や店舗との合意形成を経たものしか書き込めない。そもそも、各地域で道路をどのようにしていきたいのかというビジョンの議論が足りていない。そこで、フローティングビジョン（流動的将来像）を、公式ではなく、民間発

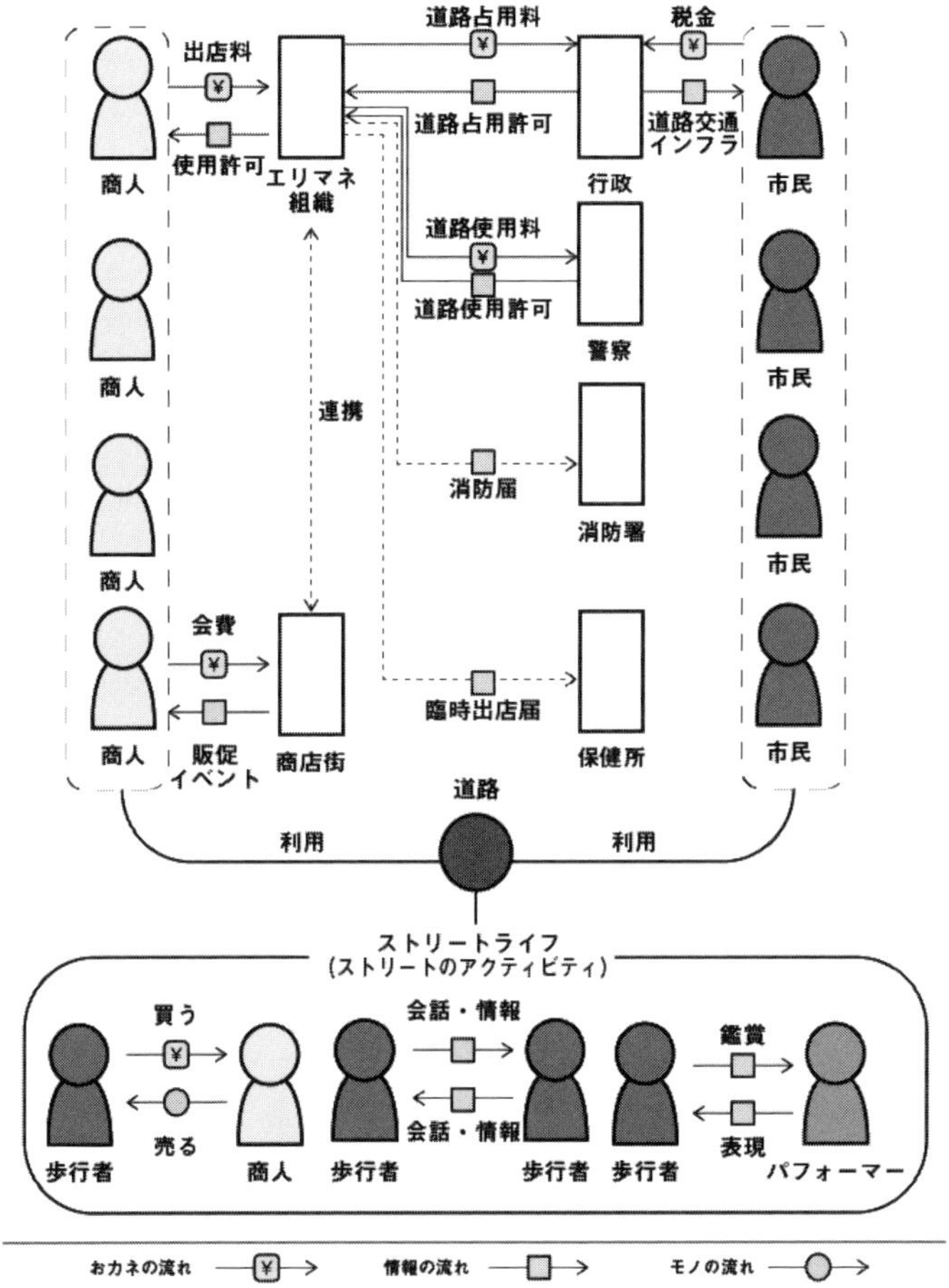

Fig.2　ストリートライフのこれから

意で作成し、都度、社会実験やアクションを行い、計画やビジョンに反映するような「タクティカルアーバニズム」(戦術的アーバニズム)を取り入れたプロセスを提案したい。たとえば、大阪の御堂筋では、歩道とセットバックした民地を一体的に整備し、広場化することを民間が作成したビジョンで描いた。これはその後、大阪市が作成した「御堂筋将来ビジョン」に反映されている。★3

こういったビジョンやストリートライフを実現するような推進主体として、エリアマネジメント組織やストリートマネジメント組織の役割は今後より重要になっていく。沿道店舗や地権者の発意で、ビジョンを作成し、そのビジョンに描かれている活動やシーンを、社会実験で試行錯誤を重ね、一つ一つ実現していく。運営やお金も考えながら、地域で自立したストリートマネジメントを担うことで、歩行者や市民、沿道店舗の悩みや困りごと、あるいは「あったらいいよね」という妄想を一つ一つ形にしていく。それこそが、道、ストリートにおける、「アナザーユートピア」につながるのではないだろうか。

注

★1 「マーケットストリート再整備」 http://www.bettermarketstreetsf.org/index.html

★2 「道路への挑戦――車道空間にいかにアクティビティをもたらすか?――「神田警察通り賑わい社会実験2016」レポート」 http://sotonoba.place/kandakeisatsustreet_report

★3 「御堂筋将来ビジョン」 http://www.city.osaka.lg.jp/kensetsu/page/0000442376.html

15 身体の違いがひらく空間

伊藤亜紗
Asa Ito

1979年、東京都生まれ。東京工業大学リベラルアーツ研究教育院准教授。専門は美学、現代アート。もともと生物学者を目指していたが、大学3年次より文転。研究のかたわらアート作品の制作にも携わる。著書に『ヴァレリーの芸術哲学、あるいは身体の解剖』（水声社）、『目の見えない人は世界をどう見ているのか』（光文社）、『どもる身体』（医学書院）など。参加作品に小林耕平《タ・イ・ム・マ・シ・ン》など。

ひろばとふろば

都市における典型的なオープンスペースである「ひろば（広場）」。人々がそこで親しい人と待ち合わせたり、散歩をしたり、ときに演説をしたりするパブリックな場だ。一方、「ふろば（風呂場）」は住宅のなかでももっともクローズドな場所のひとつである。人々は服を脱ぎ、汚れを落とし、湯につかって瞑想する。

槇文彦氏の論文では、従来のひろば的な発想を相対化するようなオープンスペースのあり方が提案されている。本稿では、この点について、さらに別の視点から考えを深めていきたいと思う。なぜなら、本稿が対象とする身体に障害を持つ人々にとっては、「ひろば」が「ふろば」であり、「ふろば」が「ひろば」になる、ということが起こるからだ。

どういうことか。身体に障害がある人の多くは、日常的に、何らかの行為をするために他者の力を取り込んでそれを遂行している。目が見えなければ、介助者が教えてくれたベンチに座ることになるだろうし、半身に麻痺のある人が風の強い日に出かけるには、体を支えてくれるサポートが必要だ。自力で起き上がれない場合には、食事や排泄、もちろん入浴まで生活のあらゆる場面に他者の力が介在することになる。

要するに、障害のある人にとっては、健常者と同じようには「パブリック／プライベート」の区別が成り立たないのである。もちろん、障害のある人だって社会的な自分を忘れて一人で過ごすことはあるだろうし、誰にも知られたくない秘密や触れられたくない過去はあるだろう。しかしそれは都市計画や建築が作り出す空間的なデザインとは必ずしも対応していない。トイレにも親が入ってくる。浴室で介助者に体を洗ってもらう。そこでは容易に「ふろば」さえも「ひろば」のような公共空間になるのであり、毎日のように医師や看護師の医療的な介入を受けている人であれば、もはや自分の身体そのものが「ひろば」のように感じられるにちがいない。

「ふろば」が「ひろば」になるということは、空間的には「ふろば」にいてもマインド的には「ひろばモード」である、ということを意味する。これは単に「人に見られていて落ち着かない」というような単純な話ではない。彼らにとって「ひろばモードである」とは、「障害者である」ということを意味しているからだ。一人の人間としてではなく障害者として振る舞うことを余儀なくされるのである。

たとえば一九歳で失明した全盲の西島玲那さんは、「障害者として」トイレに入る経験について語っている。「視覚障害者に関わったことのある方って、言葉で丁寧に説明してくださるんですよね。それを聞いて理解するというのも、自分にとってはトレーニングだと思っていた。たとえばトイレにしても、もっとざっくりした説明でいい、それより早く用を足したい、と思っていても、「トイレットペーパーがこちらで、流すのがこちらで、ここがドアノブ、ここが鍵……」といった感じで細かく教えてくださる（笑）。ドボンしたらドボンしたで面白いから放っておいて、というのがあるんですけど（笑）、私なりに社会に適合しようと思ったんです[★1]」。

まるで笑い話だが、健常者の多くにとって、他人事とは思えない状況ではないだろうか。介助者は、目の見えない西島さんを助けようとして、親切心から事細かにトイレの個室の空間を説明する。しかし言われてみればトイレの個室内部のデザインなどどこも似たりよったりであり、細かく説明されなくても推測できる。加えてそもそも個室内は狭く、手を伸ばせばたいていのものには届くのである。西島さん本人の「早く用を足したい」という焦りも、「ドボンしたらしたで面白い」という余裕もそっちのけで、「真面目に」介助してしまう健常者。それが親切心であるのを知っている西島さんは、無下に断ることもできない。西島さんは、「社会に適合する」ために、健常者の介助に付き合うのである。

社会学者のアーヴィング・ゴッフマンが分析したように、私たちの社会的生活がさまざまな「演技」の産物であるとすれば、西島さんにとって、自分のニーズと合致していなくても介助を受け入れることは、まさに障害者として社会で生きるために必要な「演技」であった。「障害を持った方としてのステイタスをちゃんと持たないと、どんどん社会不適合者になっていくなと思って（笑）、言葉で説明していただいたものを「はい」「はい」と聞いていました」。あらゆる介助が不要だ、と言いたいわけではない。家族のような親しい関係でないかぎり、相手のニーズをはかることは難しく、結果として「過剰介助」になってしまうのはある程度仕方のないことかもしれない。

問題は、介助が場合によっては立場の固定化につながり、それが当事者を「ひろばモード」から降りられなくする、ということだ。特定の役割に縛り付けられているかぎり、それは「オープン」とは言えない。障害者の視点を通して見えてくるのは、そこが物理的に「ひろば」であれ「ふろば」であれ、重要なのは、社会的な役割にいかに可変性を導入するかである、ということだ。自分が教師でもあり生徒でもありえること。ときには泥棒役になり、警察役にもなりえること。大人が同時に子供であり、子供が同時に大人であること。「私」が揺れ動くそんな場こそ、開かれた場なのではないだろうか。

空間と体の結び直し

ではどうしたら「私」は揺れ動くのか。まずは単純に、役割を反転するところからスタートしてみるのがいいかもしれない。つまり、障害のある人に教えてもらうのである。介助するとは、健常者のやり方で、障害のある体と空間を結びつけようとすることである。しかしそれだけが正解とは限らない。障害のある人のやり方で、健常者とされている人の体と空間を結びつけてみること。空間のなかでの「私」の役割が変化するとき、それに応じて私と空間の結びつき方も変わっている。

たとえば、見えない人に道を聞いてみる。私は研究のためにインタビューイーと待ち合わせたり、自宅にお邪魔したりすることがあるので、見えない人の道案内を受けることがときどきある。見えない人の空間感覚と聞いて、容易に思いつくのは、視覚以外の感覚、たとえば触覚や聴覚を用いて空間を把握する方法だろう。実際、そうした「目印」ならぬ「触印」や「匂い印」、あるいは「音印」が、彼らの道案内にはふんだんに登場する。「豆腐屋の匂いがしたら右に曲がる」「道路のタイルがつるつるになっているところがマンションの入り口」「車やバイクが通るから道の走っている方向が分かる」「縁石がちょっと欠けているのを見逃さないように」などなど。たいていは視覚でも捉えられる印だが、さすがに「白杖で叩くと「カーン」じゃなくて「コーン」っていう音がするものがある角で曲がる」はお手上げだった。

あるいは、実際に見えない人に歩き方をならうのもいいかもしれない。ふだん、道路を歩くときなどは、まわりにいるのはほとんど晴眼者なので、目の見えない人も晴眼者のように歩いている。けれども家の中ではもっと自由に歩いている場合もあるらしい。ある先天的に全盲の女性は、最近自分の歩き方に「クセ」があることに気づいたという。たとえばリビングにタオルを取りに来たのに、忘れて浴室の方に進んでしまったとしよう。見えている人であれば、「あ、間違えた」と思って体の向きを変え、リビングの方へ戻るはずだ。ところがその女性は、「五歩くらいなら向きを変えないでそのままバックしてしまう」のだそうだ。いわば電車がホームで停車位置を直すように、来た向きそのままで戻るのである。言うまでもなく、見える人が体の向きを変えるのは、進む方向を「見る」ためだ。ところが彼女の場合は、足裏の触覚や聴覚で空間を認識しているので、必ずしも進む方向と顔の向きを一致させる必要がない。先天的に全盲の彼女ならではの習慣だろう。

階段でスキー

健常者と違う仕方で体と空間を結びつけているのは、視覚障害者だけではない。視覚のような感覚器官ではなく、運動器官そのものに障害を持つ人であれば、より物理的に異なる空間との関わり方を教えてくれる。

たとえば、二分脊椎症《にぶんせきついしょう》のかんばらけんたさん。生まれつき脊椎の形成が不完全で、下半身をほとんど動かすことができず、感覚も弱い。脚は立つことも歩くこともしないので、子供のそれのように細く、常に折りたたまれている。一方上半身は正常に動かすことができ、健常者と同じように感覚もある。上半身と下半身、性質の異なる身体が組み合わさった、いわばハイブリッドな身体だ。いや正確には、上半身が下半身の役割も兼ねている、と言ったほうがいいかもしれない。何しろ「体重を支える」のような健常者であれば通常脚に任せている仕事も、かんばらさんの場合には腕で行うからだ。「ぼくの場合は腕に脚の機能もついてるという感じ」。実際、かんばらさんの上半身は筋骨隆々としていて、その肩甲骨は白鳥の羽根のように見える。

そんなかんばらさんにとって、外での移動は車椅子が基本。どこに行くにも自分で車椅子を漕いで行くのが、かんばらさんにとっての「歩く」なのだ。ところが、私が初めて彼に会ったときの状況は違っていた。その日はたまたま同じイベントに参加する予定で、しかもお互い少し遅刻して会場となる建物の前に到着した。到着してみてとまどったのは、イベントが行われるのが、エレベーターのないビルの地下一階だったこと。私が完全に介助モードで「どうサポートすればいいんだろう？　もしかして車椅子ごと抱きかかえるべき？」とあたふたしていると、かんばらさんはそんな私をよそにさっさと車椅子から降りて、アスファルトの地べたに直接腰を下ろしたのである。そして「車椅子だけお願いします」と言って、さっさと腕で階段を降りていってしまったのだ。

それはまさに介助的な役割が反転する瞬間、というか無効になる瞬間だった。ものすごい速さで階段を降りていくそのやり方を表現する日本語は今のところないように思われるが、直感的には「スキー」に見えた。階段は外階段でしかも途中で曲がっていたのだが、彼はその階段のステップに手をついて、腕で体重を支えながら体を下へ下へと動かしていったのである。その手のつき方は、決して「松葉杖」のように両腕を同時でつくのではなくて、健常者が歩くときと同じように、右と左のタイミングが微妙にずれながらなめらかに重心を移動させていくのであった。そのなめらかさはまるですべっているようで、それゆえ「スキー」に見えたのである。

興味深いのは、そのわずか数秒の「スキー」を見ているとき、階段が全くの別物に見えたことである。当初「介助」しようとしていたとき、階段はごつごつとしたいかつい岩場のように見えていた。その段差が、足の使えないかんばらさんにとっては危険な、「障害」そのものに見えたのである。ところがかんばらさんは、巧みに体を段差に添わせ、なめらかに重心を移動させながら移動していった。そんな沿わせ方もあるんだ！　その瞬間、岩場のように見えていた階段の段差が、柔らかい曲面のように見えたのである。もちろん物理的には何も変化していないのであるが、私たちが気づいていなかった階段の姿に出会ったような衝撃があったのである。

かんばらさんを通じて私は、それまで気づいていなかった階段の意味、つまりアフォーダンスを知ったと言うことができるだろう。それはまさに、空間が開かれるような経験であった。もっとも、かんばらさんにとっては、そのようなアフォーダンスが「当たり前」である。私から見ると曲芸のようにさえ見えるその技も、生まれつき手で移動することに慣れているかんばらさんにとっては、「いつものやり方」だ。「小学校では一階から四階までの各階に車椅子を一台ずつ置いてもらって、階段の横にカーペットを敷いてもらって、手で這って各階を移動」していたと言うし、だから「登るにしろ降りるにしろ、難しさっていうのはない」。健常者が足を交互について階段を上り下りするのと同じくらい、かんばらさんにとってはそれが自然で無意識的な上り下りのやり方なのである。

ちなみに、かんばらさんには、車椅子の使い方にも驚かされたことがある。車椅子といえばエレベーターで移動というのが健常者のイメージだが、それができないときには、車椅子のままエスカレーターに乗ってしまうという。どうするのか。車椅子の車輪をウィリーのように半分浮かせて、うまくバランスをとりながらエスカレーターに乗るのである。その姿はまるでバイクやスケボーの名手だ。階段の手すりをすべったり、段差を飛び越えたり、街を「遊んでいる」ようにさえ見える。あらゆるゲームは障害があってこそ成立する。裏を返せば、障害はゲームのきっかけになる。かんばらさんの身体は、そう言っているかのようだ。

バリアフリーの先へ

まだまだ不足しているとはいえ、都会はバリアフリーが進んでいる。それはもちろん好ましいことなのだが、副作用として、身体の多様性が公共空間から消える、という結果をもたらしているのかもしれない。かんばらさんの「スキー」のような運動に私が出会えたのは、たまたまそのビルにエレベーターがなかったからであり、通常、そのような、その身体ならではの特殊な運動は、もっぱら家の中でのみ行われている。五歩くらいなら平気でバックするという視覚障害者も、そういう動きは「家の中」だけであって、外でやろうとしたら「見える人はそういう動きをしないから危ない、って歩行訓練士に怒られた」と言う。

家の中では「自然体」な人が、外に出るときにだけ車椅子に乗ったり、白杖をついて前に進んだり、あるいは装飾目的で義手をつけて生活したりする。もちろんそれで苦労が減っている人も多いだろうが、それが必ずしもその人にとって「自然体」ではないことを忘れてはならないだろう。

だからこそ、ときどきはそういう「自然体」が解放される機会があってもよいのではないか。冒頭の二分法に帰るなら、かんばらさんの「スキー」を見る経験は、「ひろば」を「ふろば」として使う人に出会った驚きと痛快さだったのかもしれない。その痛快さは、自分が当たり前だと思っていた「ひろば」が、まったく別の意味へと開かれる痛快さである。道を前に向かって進まなくてもいい。匂いをたよりに街を歩いてもいい。車椅子のままエスカレーターに乗ってもいいし、車椅子を捨てて地面を歩いてもいい。そんなバリアフリーを超えた身体の多様性に対する寛容さが、空間を開くのではないか。

注

★1　本稿は、筆者自身による当事者へのインタビューに基づいている。なお、インタビューの全文は左記のサイトにて全文を公開している。
http://asaito.com/research/

16

アートとオープンスペース
——都市の余白の発見

藪前知子
Tomoko Yabumae

1974年、東京都生まれ。東京都現代美術館学芸員。アートと社会の関わり方を問いなおす、批評性のある展覧会に定評がある。キュレーションの他に、『美術手帖』や「Webちくま」等に日本の近現代美術についての寄稿多数。主な企画展覧会に「大竹伸朗 全景 1955-2006」、「山口小夜子 未来を着る人」、「おとなもこどもも考える ここはだれの場所?」など。「札幌国際芸術祭2017」では企画メンバーとして参加。

はじめに

都市の余白ともいうべきスペースには、すでに多くの美術作品がある。公園の片隅のブロンズ像や、道端に佇むその土地にゆかりのモニュメントなど……。「パブリックアート」と呼ばれるこれらの作品に加え、近年では、地域活性化を託された「アートプロジェクト」が、過疎地から都市部までの各所に点在し、その土地の環境や歴史に寄り添いつつ興隆を見せている。アートは「オープンスペース」にとって、人々を惹きつけ、つなぎ、そこが自分たちの場所であると認識させるような、メディアとしての無数の可能性を含んでいる。その作例は枚挙にいとまがないが、本稿では、芸術祭のような一過性のイベントではなく、恒久設置である、つまり持続的にその空間を活性化するという前提から、その可能性を考えてみたいと思う。都市空間に恒久設置されたアート作品を前に、しばしば私たちが感じるのは、これらが過去の時間に紐づけられた、自分たちとは切り離された存在であるということだ。常に現在の時間との接続＝アクチュアリティを保ち、それに接する人たちの感覚を刷新し続けるアートとはいかにして可能だろうか。

都市空間とアートの関わりの歴史的経緯

まず、「オープンスペース」とアートの可能性を論じるにあたり、近代以降の美術館という制度が、アートを公共の共有物として位置づけつつ整備されていった歴史的経緯に留意せねばならない。一方で、第二次世界大戦後、作家たちはいかに美術館ないしホワイトキューブという制度の外に出るかを模索し、野外美術展からオルタナティブスペースまで、場所の固有性に注目する試みを繰り返してきた。これらすべてを振り返る紙数はここにはないが、都市空間に展開するアートの文脈の共有のために、「パブリックアート」と「アートプロジェクト」の二つのフォーマットについて簡単に触れておきたい。

都市の公共空間に設置し社会に還元する「パブリックアート」が最初に華々しく展開したのは、一九五〇年代から六〇年代にかけてのアメリカである。すでに大恐慌時代より、公共事業促進局（WPA）という連邦機関が、公共空間でのアートの設置を美術家に対する救済政策として打ち出し、下地を作っていたが、六〇年代に入り、連邦政府関連の建築の公共空間に芸術作品を設置する「建築にアートを」（Art in Architecture）という政策が作られ、全米芸術基金（NEA）による「公共空間における美術作品設置計画」（Works of Art in Public Spaces Program）が実施された。

一方で、同時期に興隆した「アースワーク」や「ランドアート」と呼ばれる一連の動向も、野外に展開するアートの潮流を作っていく。物質的な実現に収まらず、プロセスや規模などから「アートプロジェクト」と総称されることになる動向は、一九八〇年代から興隆するが、特に一九九〇年代から二〇〇〇年代にかけてのいわゆる国際展／芸術祭の世界的な流行の中で一般化していく。国際展とは特定の土地を舞台に周期的に開催される大規模展の総称で、ヴェネツィア・ビエンナーレ、ドクメンタなど戦後すぐに発足した先行例に加え、特にアジア圏で、アジア・パシフィック・トリエンナーレ、光州ビエンナーレなど新規の国際展が日立つ。特筆すべきは、そこで展開される作品の多くが、リサーチをもとに歴史や風土といった地域の固有性に着目したものであることだ。その背景には、世界の「文化地図」の中に都市名を登録したいという、各都市のカルチュアルツーリズム政策への志向が見え隠れするが、冷戦構造の崩壊を受けてグローバル化する世界動向を受けて、多くは脱中心主義、多文化主義を伝達する手段として機能していく。

日本でも、二〇〇〇年代以降、「横浜トリエンナーレ」をはじめとする国際展を各都市が開催する流れが生まれるとともに、「越後妻有大地の芸術祭」や瀬戸内で展開される「ＡＲＴ　ＳＥＴＯＵＣＨＩ」の一連の活動など、過疎化した地域で展開されるアートプロジェクトが盛んになっていく。これらは、観客を外部から呼び込むだけでなく、地域住民とのコミュニケーションを生み、コミュニティの再生や活性化を促してきた。他方、東日本大震災後に、被災地復興にアートプロジェクトが一つの役割を担っていった経緯と合わせて、社会に対し働きかけることで問題解決を担っていこうとする「ソーシャルエンゲージドアート」と総称される動向も本格化する。アートはここで、地域の人々が自らのアイデンティティを確認したり、コミュニティを活性化したりするためのメディアとして働くようになっていく。アクショニストとアーティスト、地域の公共的なプロジェクトとアートプロジェクトの境界が曖昧になっていく一連の流れがある。

アートの「場」への作用と二つの空間モデルについて

さて、ここで確認しておきたいのは、屋外空間に展開していくアートの大まかな方向性として、一方通行の場への介入から、作家と観客、場の文脈や歴史といった複数のコミュニケーションと意味のネットワークが、作品の核となっていくという点だ。それは、アートが時に、その場所を領土化するような力として作用することへの反省でもあった。有名な例としては、一九八一年のニューヨークで、連邦政府の建物の敷地内への設置を国から依頼されたリチャード・セラの《傾く弧》と題された彫刻が、安全性を危惧する市民からの苦情により論争を巻き起こした件がある。移設の可能性も探られる中、セラは、この作品が場所固有のものである（＝サイトスペシフィック）というコンセプトに従って、作品を切断、廃棄している。あるいは、世界最大の野外彫刻の祭典であるミュンスター彫刻プロジェクトが、ヘンリー・ムーアの作品の受け入れを拒否する市民の声に対し、啓蒙的な目的を持って開始されたものであることを思い出してもよい。最近では、福島駅前に設置された、ヤノベケンジの防護服を着た全高六・二mの子どもの像《サン・チャイルド》が、トラウマや風評被害を心配する市民からの抗議を経て作家自身の決断により撤去された例もある。

アートという人工物には、「誰が」「何を」「なぜ」「誰に向けて」そこに作るのかという、政治的な問いがつきまとう。美術館のホワイトキューブはその問いを一旦保留する制度と言えるが、都市に展開するアート作品の場合、その計画にとって重要なのは、その空間が一体誰のものなのかという問いである。冒頭で述べたように、「オープンスペース」が生きたものになるかどうかは、そこに集う人々が、その空間を自分たちのものだと認識し、空間に対する能動性をいかに確保できるかにある。アートは、そのメディアとなりうることを確認したところで、「ここはどこなのか」そして「誰のものなのか」という問いを重要な要素とする日本で行われた二組のアーティストの実践を挙げることとする。

モデル1「はじまるよ、びじゅつかん」

二〇一五年に東京都現代美術館で私が企画に関わった「おとなもこどもも考える　ここはだれの場所?」という展覧会で、岡﨑乾二郎は、展示室内にカラフルなプラダン製の塀をバリケードのようにぐるっと回した空間を作り、そこを「はじまるよ、びじゅつかん」と名付けた。中では東京都現代美術館のコレクションを中心とした展示が行われているが、ここが美術館の他の空間と違っていたのは、こども（義務教育期間の）しか入れないという点にあった。なぜこどもだけなのか。その理由について、岡﨑のステイトメントから簡単に抜き出すと次のようになる。子どもは自分だけが感じた「ヘンテコな感じ」を持っているし、それを言葉にすることができる。一方、アートのおもしろさも、「じぶん（だけ）が感じていることは何なのか、それをつきとめようとする」ところにある。だから、美術について「わかる」のは、大人よりも子どものほうなのだ――。このバリケードの空間は、フランス革命の意思表示が行われたテニスコートと同じサイズであり、「はじまるよ、びじゅつかん」という名称には、革命後、市民に公開されたルーブル宮のイメージが重ねられている。近代的な美術館とは本来、複数の言説や価値観が共存しうる公共的な空間なのだということをその起源に遡って想起させせつつ、（「義務教育」を課せられた）抑圧された存在としての子どもたちにここを「占拠」させるのが、岡﨑の企てである。その中には、普段、詩人や小説家、音楽家、俳優などの活動をしている大人が、子どもたちの言葉を促す役割として逗留しているという仕掛けもあった。果たして、親から離れ自発的にこの空間に入ることを選んだ子どもたちの多くが、予想よりもかなり長い時間をこの塀の中で過ごし、作品との対話を楽しんだ。

Fig.1　おかざき乾じろ策「はじまるよ、びじゅつかん」展示風景、2015年、東京都現代美術館
撮影：木奥恵三

アートとは、他者と分かち合えない個別的な感覚の存在を認め、各々が自分の言葉を話しはじめることを促すメディアである。「はじまるよ、びじゅつかん」には、そこに集まる人々が能動的にその使い方を発明するように、綿密に組み立てられたプログラムがあった。創造性を引き出す、いわば教育のオルタナティブとしての空間が実現された。

なお、この「はじまるよ、びじゅつかん」は、一九八一年という初個展の年に、二六歳の岡﨑が、池袋の西武美術館で象設計集団との協働で実現させた「こども美術館」の一つの帰結でもある。これは、デパートの最上階にある美術館という現代都市を象徴するような空間に、子どもたちに各々居場所を作ってもらうというものだった。大人の計画——制限や分類——を、子どもたちが勝手な解釈や気まぐれによって撹乱し、空間を断片化していく。まさに、もうひとつのユートピアとしての東京を「発掘する」というプロジェクトだった。

さらに付け加えれば、岡﨑乾二郎の重要な仕事の一つに、広島県の灰塚ダム建設に際して展開した一連のプロジェクトがある。ダム設置がもたらす地域文化と環境への影響を最小限にとどめ、コミュニティを再生させるために、アーティストと建築家、地域住民が協働した、広く伝えられるべき仕事だろう。岡﨑を中心に、子どもたちも含めたワークショップを繰り返し、住民側からの提案をブラッシュアップして行政側に提案、移転により分断されてしまった地域の諸要素と共同体を再びつなぐ公園などを実現した。一〇年以上に及ぶプロセスの中で、岡﨑は、異なる複数の立場の人たちをつなぎ、彼らの潜在的なクリエイティビティを引き出していく媒介者として重要な役目を果たした。

モデル2「道」

アート集団Chim↑Pom（チンポム）が二〇一六年から翌年にかけて東京を舞台に行った「Sukurappu ando Birudoプロジェクト」（スクラップアンドビルドという和製英語から来る）と題された一連のプロジェクトである。一九六四年の東京オリンピックの際に建てられ、次のオリンピックに向けた再開発で取り壊されようとしている歌舞伎町のビルを会場に「明日また見てくれるかな?」と題した展覧会を行い、その後に、自分たちで運営している高円寺のスペースで「道が拓ける」という二部構成の展覧会を行った。歌舞伎町では、フロアの中心部に穴を開け、上階の床を一階部分に積み重ねて下のフロアが丸見えになる大きな穴とともに、「スクラップアンドビルド」という相反する状況を可視化した彫刻作品《ビル・バーガー》を実現した。鑑賞には危険を伴うため、入場者は自己責任のもとに空間に入るという書類にサインさせられる。現場のリアリティの共有の方法を、アートの言語を使って提案してきた彼らの真骨頂であり、現在の日本社会において「公共」という概念が抱える矛盾——すべての人に開かれつつ、すべての人にとって自由であることは果たして可能か——を鋭く問いかけるものだった。また、建築家の周防貴之と協働して道を開通させた第二部では、歌舞伎町のビルの瓦礫を埋め立てるための材料として、建物の間に、かつて存在していた

Fig.2　Chim↑Pom「Sukurappu ando birudoプロジェクト　道が拓ける」展示風景、2017年、キタコレビル、東京
撮影：森田兼次　© Chim↑Pom

公共空間=道を公開した。単なる「ビルド」に留まらず、建物の内部が見えた状態で、私的空間なのか公的空間なのかが曖昧なまま竣工された「道」は、訪れる人たちの手で自生していくように企図された。開通にあたってのステイトメントで、アーティストは、今後この空間にルールが作られていく可能性に言及している。「公共」という概念を複数の立場の人間が自らの手で作っていく、一種の社会実験とも言える意志がここに示されている。また、一連のプロジェクトを書籍化した『都市は人なり』(LIXIL出版、二〇一七)でも言及されているように、条例上作られた「公開空地」が活用されないまま都市空間に穴を開けている現状に対し、それに対抗するものとして、街の中に溶け込み、自生する空間が目指されている。

公共空間を育てるアートの可能性

これらのモデルから、アートとは、複数の人々に開かれた、公共の領域を可視化するためのメディアであると考えてみたい。連想される都市空間へのアクションとして、「スクウォット(占拠)」の例を挙げてもよいだろう。不在となった場を占拠し生活の場とするもので、一九六〇年代から現在に至るまで、グローバルな資本主義に対する抵抗という側面を持ちつつ、自由で自立的な都市のフリースペースとして、世界各地で独自の文化圏を作ってきた。オランダが一時期(一年以上の占拠により)これを合法としていたように、都市空間の創造性を高める手段と考えられ、アートと社会的なアクションが接近している近年、アートプロジェクトのモチーフとされることも多い。「オープンスペース」の持続的な活性化にも、空間に能動的に関わりそこを自分のものとするような、来訪者とのつながりが期待される。ここに挙げた二つの実践は、その実現に向けた議論のきっかけを提供してくれるはずである。

一方で、「スクウォット」の例に顕著であるように、空間に対する能動的な関わりは、しばしば占有に繋がり「オープンネス」とは対立してしまう。アートの実践が「スクウォット」と異なるのは、擬似コミュニティでありながら公共空間でもある、クローズでありながらオープンであるという、中間領域を出現させるという点にある。これは、「オープンスペース」と人々のつながりの一つのモデルとなりうるだろう。都市は、常に更新され続けるゆるやかなコミュニティによって成り立っている。アートは、住民と来訪者を互いに出会わせ、空間を共有するためのメディアとなる。

また、そもそも「オープンスペース」が都市計画の隙間に、無作為に生まれた空間である以上、既存の計画やデザインという営為を逸脱する可能性を孕む。岡﨑乾二郎の作品が常にそうであるように、アートは、人々が都市の片隅に自ら空間を発見するための思考の枠組みを提供する。アーティストは、建築家とは異なる立ち位置から、空間の自生のプロセスに持続的に関わっていくことになるのである。また、このような都市空間への関わり方は、近年の「タクティカルアーバニズム」などの都市論とも接続して論じうるだろう。

これまで見てきたように、「オープンスペース」のアクチュアリティとは、人々が能動的にそこに関わり、他者と共有しつつそこを自分のものとして認識するところから始まる。ただ計画の上で与えられただけの「オープンスペース」は、いずれ枯れていくだけだろう。アートは、空間との関わり方、行動様式の提案をすることができる。さらにアートは、「そこがどこなのか」「誰のための空間なのか」を指し示すメディアとなる。アートとは異なるものを束ねる術であり、アーティスト自身もまた、異なる立場の人たちを繋ぐメディアとして機能し、空間を育てていくためのプログラムを策定することができる。

最後に、アートが「オープンスペース」という思想全体に与える影響についても付け加えておきたい。「オープンスペース」とは、既存のシステムの地と図を反転させ、都市のもう一つのレイヤーを出現させるものである。それは、アートという分野が社会に対して持つ意義と大きく重なっている。気の利いた、抑制の効いたアート作品を都市空間に設置し、人々を慰めることの意義も否定はしないが、アートは、より大きな可能性として、「都市の余白＝オープンスペースを使う」という思想の転換自体に関わることができる。「オープンスペース」の思想とは、大規模ショッピングモールを象徴とするような、大量消費社会が強いる受動的な行動様式に対する抵抗として、人間の生活文化全体に関わるものと意識されるべきだろう。日本では、過疎地の地域振興型アートプロジェクトが先行したこともあり、都市部の美術館以外の場所に展開するアートには、まだたくさんの手をつけていない領域がある。具体的な提案をアーティストたちに期待しつつ、本稿を閉じたいと思う。

総論

「オープンスペース」から夢を描く

槇文彦

はじめに

「アナザーユートピア」を書くきっかけは、二〇一一年三月一一日の東日本大震災に際して、横浜国立大学名誉教授の、高名な環境学者である宮脇昭先生が、津波におそわれた場所をもう一度復興するためには高い丘の群をつくるとよい、と発言されたことに端を発している。残念ながら、万里の長城にも見まがうコンクリートの塀をつくる計画が進み、そのアイディアは生かされなかったが、私自身もオープンスペースを中心とした防波堤をつくり、さらに、被害に遭われたところを、オープンスペースを中心に復興していくのがいいのではないかと、漠然と考えていた。それが「アナザーユートピア」を書こうというきっかけになった。

今回、多くの論者の方に、さまざまな角度から、主として日本のオープンスペースについて論じていただいた。日本のオープンスペースについての歴史や捉え方がよくわかると共に、日本の都市がまさに直面するオープンスペースのさまざまな問題、可能性を、広がりと深みをもって我々に啓示してくれたことに深く感謝する。

記憶の核としての「原風景」

冒頭、青木淳は奥野健男のテキスト以外のさまざまな作家の「原っぱ」について言及している。ヨーロッパの都市は隅から隅まで、ある利用目的をもった内外空間によって構成されている。それに対して、日本、ここでとくに取り上げる東京のここそこには、はっきりとした目的をもたない余剰空間が満ち溢れていたのである。昭和初期に生まれた奥野健男や私らの山手育ちにとっては「原っぱ」が、また下町育ちの子どもたちにとっては「路地」が、さまざまな幻想を与える遊び空間を提供し、自然と子ども時代の原風景をかたちづくっていった。陣内秀信は、江戸時代にまで遡り、江戸特有のオープンスペース、余剰空間に対して歴史的に興味深い考察を与えているが、ある種の懐かしさをもった空間として、昭和の中頃まであった無数の掘割、つまり河辺が与える情景としての水辺空間にも言及している。その後、水辺空間の情景は高速道路の導入によって暗渠化されてしまったが、私のジェネレーションには新鮮な記憶として今でも残っている。

奥野健男の名著『文学における原風景』がなぜ我々建築家にとって新鮮であったかというと、それは「原風景」という言葉に他ならない。誰もがかならずそれぞれの原風景をもっている。それでは、原風景とは何であるか。私はそれを「記憶の核」とよびたい。皆が異なった場所で育ったのにもかかわらず、東京生まれのある世代までは、原っぱ、路地という共通した原風景を子ども時代にもっていたことを、奥野は指摘しているのだ。したがって、私がオープンスペースに子ども時代の記憶の核のひとつがあると発見したことが、当然このアナザーユートピアを書く発端にもなっている。

記憶の核は年齢と共に、時代と共にそれぞれの個人のなかでも変貌をとげていくであろう。また記憶の核はオープンスペースに限らない。奇怪な構築物でもいいのだ。他でも度々触れてきたが、私は幼少の頃に見た白いモダニズム建物が新鮮な記憶の核として残っている。それがなぜかというと、当時私の周辺には和風の茶系統の建物が満ち溢れていたからである。白いモダニズム建物でなければ、重々しい石張りのネオクラシシズムの建物があるばかりであった。

昭和の初めの数少ないモダニズム建築の特異性は、白さと軽さであったと思う。さらにメザニンがある内部空間における視線の豊かさは、幼少の頃、大きな客船が横浜に到着する度に親に連れていって貰って見た、客船の上下に展開するデッキ、細い鉄製のレールなどにもあるかもしれない。こうした記憶が重なって、私のモダニズムのひとつの原型、原風景がかたちづくられてきたといってもよいであろう。

こう考えてくると現在の子どもたちにとって何が原風景をかたちづくっているのかという当然の興味が湧く。後述する「皮とあんこ」のところで述べるように、豊かな原風景をつくるためには「みち空間」の充実が必要である。学校へのみち、職場へのみち、あるいは自分の気に入った散歩みち、ヨーロッパの大都市のような整然としたみちと異なって、日本、東京のみちは明治維新以後も、さまざまな性格をもったみち空間を残している。それは隅っこに限らず、日本には余計な景観法なぞないゆえ、緑ひとつとっても各住居がみち筋に沿ってさまざまな工夫をする余地が残っているのだ。むろん、建物の外装もである。

「コミュニティ」と「老いや死の場所」

今回のテキストのなかで、広井良典が取り上げた「コミュニティ」と「老いや死の場所」というテーマは、他の人があまり取り上げなかったが、我々の未来の都市社会にとってきわめて重要な課題である。私がアナザーユートピアを書くうえでの最大の関心は、建物や施設を中心でなく、誰もが自由に意見を述べ、自由にそれを実行しうるオープンスペースを中心に新しいコミュニティの発芽がありうるのではないかという想いであり、また、それを裏打ちする経験——後に述べる、軽井沢の南原の「夏の定住社会」——があったからである。ただ、広井の指摘する日本における農村型コミュニティが長く存在してきたことには同意するが、その代替としてゆるやかな個人の繋がりによるコミュニティの生成はきわめて困難なのではないかと思う。私がつくった代官山の《ヒルサイドテラス》でも任意のコミュニティ形成は実現し、それなりの成果を周辺に及ぼしているし、そうした例が東京各地に存在していることは認識しているが。

最近、私は米国の親しい友人と西と東の文化交流について対談を行ったが、そのなかで彼にたとえばニューヨークにコミュニティは存在するかと質問した。彼の答えは否であった。しかし、ある特定の核となる人間を中心に少数の人びとが集まり、社会、政治の問題を討議しているという。こうしたアドホックな無数の小集団がどのようにニューヨークの生活に寄与しているかはわからないが、ヒルサイドテラスを中心とした集まりも核となる人間がいなくなったときにはどうなるか、同様の不安定性をもっている。

広井はまた、東京のような大都市では自分の居場所がないという。これに関しては、泉山塁威が内外の例を引用しながらみち空間にさまざまな居場所をつくりだすことを提案されているが、それと併せて考えることができるかもしれない。

私はここで、「アナザーユートピア」でも少し触れた、オープンスペースを核にして実現したコミュニティである軽井沢の南原のケースについてもう少し詳しく触れてみたいと思う（より精細に南原のコミュニティについて知りたい方は、私の著書『漂うモダニズム』（左右社、二〇一三年）に所収している「夏の定住社会」というエッセイを読んでいただきたい）。

南原は旧軽井沢と中軽井沢の中間に位置し、昭和の初めはここの広大な農地を早稲田大学の経済学者の市村今朝蔵が所有していた。彼は学友の東京大学の法律学者の我妻栄と共にこの農地を別荘地にするために二つの原則を考えた。ひとつは旧軽井沢の別荘地のような門も塀もない、子どもも誰もが家々の玄関口にいけるオープンな別荘郡にすること、もうひとつは別荘地の中央にテニスコート二面をもったかなり広い広場を構築することであった。その広場に、彼ら学者たちの朝の勉強の静寂さを維持する目的で、子どもや孫のための林間学校の設置を考えた。

一九三三年（昭和八年）に市村家も含めてまず四軒の別荘が建てられた。その後、別荘も徐々に増えていき、子どもの学習施設を設けるといったハード面だけでなく、釣り大会、運動会、花火大会、写生会といった、ソフトの面も充実していき、さまざまなコミューナルな集まりが開催されるようになる。そして現在、家族数は約一四〇、夏の最盛期にこの地域で過ごす人の数は一〇〇〇人を超すまでになった。こうして南原のコミュニティも、軽井沢南原文化会として現在は財団法人化され、さまざまな会員規則が設けられ、多くの行事が運営されている。

ここまでは良いことずくめの話を聞かされてきた皆さんは、「何だ。それはごく少数の恵まれた人たちの夏休みの一刻か」と思われるかもしれない。たしかにそういう面もあるだろう。私がたまたまこの南原を知るようになったのは、一九六〇年に結婚した妻の実家が昭和の初めから南原に別荘をもっていたからである。しかし、私自身南原文化会そのものの活動を半世紀にわたり実際に経験してきて、今日我々が直面する「コミュニティとは何か」という問題に、この小さな集団の歴史がさまざまなヒントを与えてくれているのではないかと思うのである。

南原文化会も八〇周年を数年前に迎えたが、一家族でいえば優に四世代にわたるところも少なくない。当初は家族に学者が多かったが、今ではマイノリティに過ぎない。多くの家族は、たとえば、東京、大阪などではさまざまな理由で居を変えてきたものも圧倒的に多いと推測されるが、彼らはここへ来れば、

南原の原っぱ

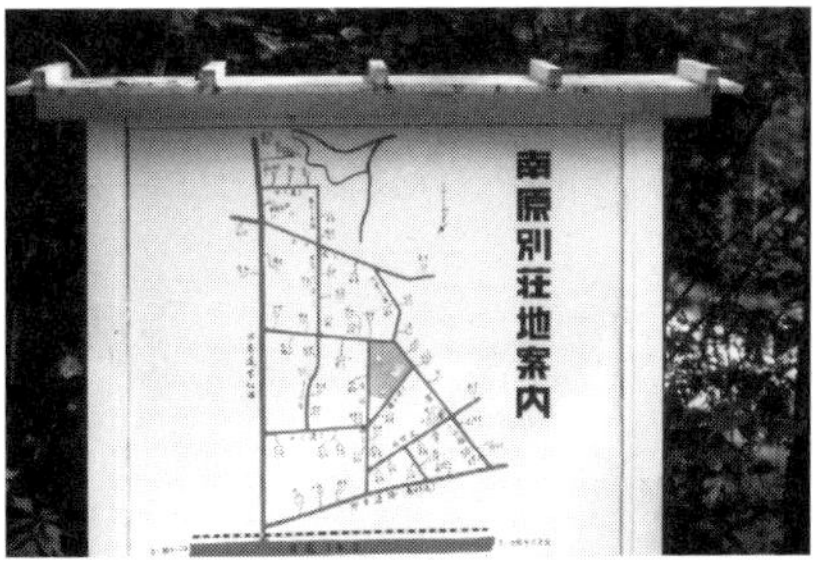

原っぱを中心とした南原別荘地

また昔なじみに会えるのだ。親が子を連れてやってくる。子どもたちを見守る母親同士の交流も自然と頻繁となる。運動会やキャンピングには幼少の頃から知り合っている一〇代の若者たちがその準備や遂行に惜しみなく努力を払う。メンバー同士の結婚も増えてくる。その子どもたちがまた大きくなってから自分の子を連れてくる。こうして生まれたきずなを大事にしようというコミュニティ意識が自然と育まれてくるのである。

特筆すべきは建築家でも都市計画家でもない、いわゆる素人のふたりが、二つの簡単なルールから、こうした日本、否海外でも珍しいコミュニティの実現に成功したのである。

この節はこれで終わりではない。塚本由晴はエッセイのなかで、大学で春の花見会から始まったさまざまなふるまいを保とうとした行動が、かえって大学当局による干渉を招いてしまった経験を述べているが、それなら南原のようなやりかたがあると、私は「夏の定住社会」のコピーを送った。その最後で、私はこう記している。

今年の運動会の日。三代、四代にわたる家族達が集まってくる最大のイベントである。私が最も驚いたのは幼児で溢れていたことである。おそらく一〇〇年前、市村、我妻の両氏は、そんな光景はまったく想像していなかったに違いない。そして私はこの沢山の幼児達が大人になって、また彼等の子ども達を連れてまたこの場所に集まってくる光景を想像してみた。ユートピアとは万人のためにあるのではなく、それぞれの人の心の中に育む小さな夢なのかもしれない。

塚本からの返事には、「平等」がその原理となる「夢」であることには変わりないが、どう「平等」そのものを実践するか、ユートピアへの挑戦はまだ続いているのではないかということであった。たしかに彼のいう「平等」は、平山洋介が述べる「都市のオープンスペースは、無条件に存続するのではなく、その価値を、社会の選択と意志にもとづいて保全し、安定させること」という言明の背後にある平等感と通じるものがある。私のようなひとりの建築家がいえることは、それぞれの夢を通してその平等性をいくばくでも獲得していくことなのではないかと思うのだ。

夢に関連して、北山恒は次のように述べている。「ユートピアとは（どこにもない場所）という意味の造語なので、アナザーユートピアとは（もう一つのどこにもない場所）ということになる……〝モダン〟というコンセプトは絶えず（どこにもない場所）を探し求めてきた」。私は、ユートピアは誰もが心の内に秘めた夢の追求であってかまわないと思う。しかし、夢にも、小さな夢から大きな夢まであってもよいのだ。

話を広井が取り上げたもうひとつの課題「老いや死の場所」に戻そう。もともと都市の起源はネクロポリス、すなわちそこで人びとが先祖を偲び、敬意を表するために集まるという行為が発祥のもとになっているとされる。その集まりが交易の場に変わったときに現代の都市が生まれる。

たしかに急速に人口減少、高齢化の進む日本では「老いや死の場所」は我々すべてにとって大きな問題である。私はここでもオープンスペースは大きな力となりうると考えている。

たとえば、「アナザーユートピア」のなかで、オープンスペースのひとつのありかたとして、私は三角形のオープンスペースを提案している。三角形の先端の周囲には、子どもや高齢者の施設が小さなヒューマンなオープンスペースを取り囲む。反対側の三角の大きな広場には、若者、壮年の人たちのさまざまな活動の場を設け、周囲を体育館やゲームセンターといった施設で取り囲む。そうすることで、三角形のオープンスペースはさまざまな年齢の人びとが集う出会いの場になるであろう。そうした出会いの場として真ん中に汎用性の高い大きなテントを置くとさらに広がりを生む。その一隅にちょっとしたカフェを設けたり、高齢者にやさしい場所をそのなかに考えてもよいだろう。といった風に、こうしたオープンスペースは数えきれない夢を喚起してくれるのだ。

皮とあんこ

私は数年前、名古屋大学の片木篤訳によるバリー・シェルトン『日本の都市から学ぶこと——西洋から見た日本の都市デザイン』(鹿島出版会、二〇一四年)に接する機会があった。シェルトンはかつてシドニー大学の都市学の専門家で、現在は同じ都市学を専門とする日本人の妻と、福岡県の柳川市に在住する異色の日本都市研究者である。

そのなかで、彼が研究対象とした名古屋市の典型的な街区が示す建物、容積、高さの分布図がある(次頁図)。この分布図が示すように、日本の大都市は都市形態学的に見ると「皮」と「あんこ」でできている都市といえよう。「皮」とは比較的幅の広い道のここそこに立派な高層の建物が立ち並ぶところを指す。一方、「あんこ」とは、その大きな皮に囲まれた内部を指す。

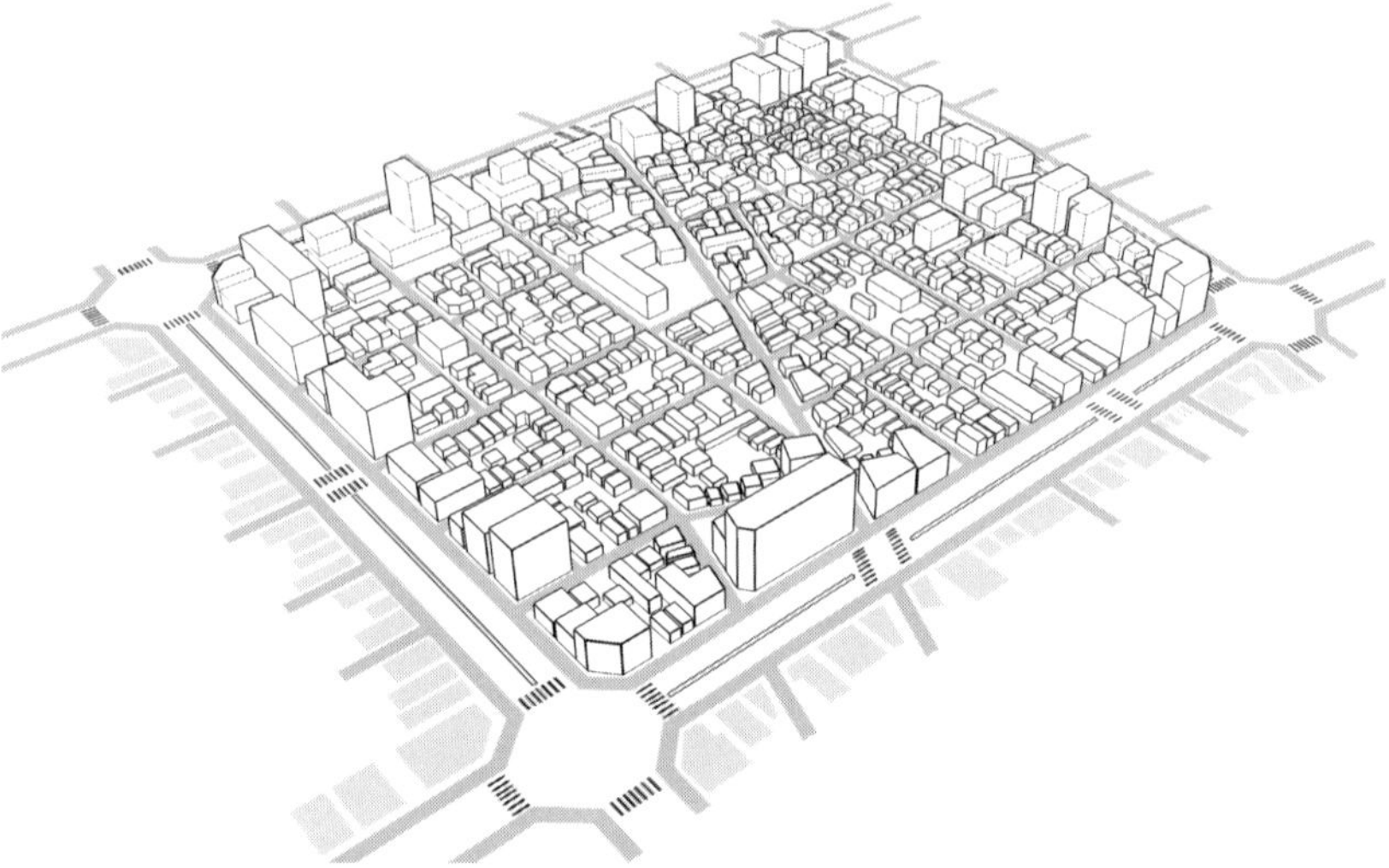

大街区のモデル化（出典 シェルトン『日本の都市から学ぶこと』）

皮のゾーンの建築の容積率は高く、高層の建物も許される。それに比べてあんこの部分は狭い道路が複雑に入り交じり、したがって容積率、高さも低い。なぜこのような状態が生じたのだろうか。江戸末期の東京の人口はすでに一〇〇万人を超え、世界最大の都市であった。明治維新後さらに増大する人口は、単に外に向かうだけでなく、寺町、大名屋敷の内部に複雑なかたちで侵食していく。グリッド状の町人街もさらに内部に向かって細かい道や路地がつくられ、人口増加のプレッシャーに対応していった。

外国の都市は名前のついた大小の皮に建物群が張りついている。だからストリートの名前と番地によってすべての場所が規定される。私は東京のあんこのなかに八〇年以上住んでいるが、番地はあっても、前面のみちに名前がついたことはいまだかつてない。しかし、あんこの部分にももちろん小さな店による賑いもあるし、立派な住宅街もある。中南米のファヴェーラといった貧民街とは違う。

代官山の《ヒルサイドテラス》は、皮もあんこも立

派な東京でも例の少ない場所である。それは大正時代、この街の大地主がこれからの道は立派でなければならないと考え、自己の所有地の一部を区に提供し、しかし密度を高くすることを好まなかった結果生まれた場所だからである。現在も立派な皮に沿って低密度の住居や洒落た店舗が、豊かな緑を残しながら、好ましい都市の生活圏を形成している。決して自然に生まれてできたものではないのだ。

この近くにオフィスがある私は、時に自分の家まで、一時間がかりで散歩して帰宅することがある。《ヒルサイドテラス》を経て少し大通りを越すと、車の交通量の少ない通りを抜けて、その後自宅までところどころ皮の部分をクロスしていけば、ほとんどあんこのなかを通って家に帰ることができる。おそらく東京にはいたるところに、良いあんこに相当する場所が残っている。それが東京を世界に例の少ないヒューマンな都市にしてくれているのだ。皮だけの街は退屈なものなのだ。

たしかに東京のような大都市ではニューヨークやロンドンと同様に立派な皮のところは、平山が指摘するネオリベラリズムの跳梁にまかせているところも少なくない。しかし、あんこに視点を置いたときにそこからさまざまな夢を描きだすことが可能なのではないか。

当然あんこにも負の部分がある。北山恒が提案する「ヴォイドインフラ」や、饗庭伸が提案する「空き家・空き地の中動態の設計」は、あんこのなかに点在する負の遺産に対して正のシステムに転換する意図をもっているといえよう。

また、手塚貴晴と由比が述べるように、オープンスペースは空であってよい。エッジに展開する施設のありかたが重要であることには、私も賛成である。それは私が提案した三角形のオープンスペースの例を見て貰ってもよい。ただし、私は空のオープンスペースに移動式のテントを併せて考えたときに、よりオープンスペースのありかた、楽しみかたに幅をもつことができるのではないかと考えている。

このようにあんこの部分について、オープンスペースの可能性をさらに追求していくことが、我々東京に住む者にとって重要な課題と、そして夢を与えてくれるに違いない。

福岡孝則は今回テキストを求められたなかで、唯一のランドスケープアーキテクトであったが、オープンスペースという課題に対しては、当然福岡だけでなく複数のランドスケープアーキテクトがこのディベートに参加してもよかったのではないかと思う。福岡はエッセイのなかで、ドイツ語の「ランドシャフト」という言葉の背景にある、環境に対する広い意識の存在の重要性を提起している。私はグローバルな世界で生きる人間にとって、「己」と「他」の類似性と差異性に対する認識と、その認識から生まれる行動がきわめて重要であると考えている。福岡はアジア、アフリカという広大な開発途上国圏と我々のように成熟した地域が有するオープンスペースのありかたの差異性に言及しているが、これもきわめて重要な視点である。アジア、アフリカの広大な地域のなかでは、さらに多くの類似性と差異性が存在するのはいうまでもないであろう。

能動性を生みだすオープンスペース

「Ⅳ　オープンスペースをつかう」に登場する、田中元子、伊藤亜紗、藪前知子の論考は、偶然全員が女性であるが、すべてオープンスペースをこういう風に使ってください、使いましたという報告でなく、使う人自身がそこで何を行動しようとしているかに関心を向けた、人間の能動性に関するレポートである。

田中はコインランドリーのなかに喫茶室をつくった。そして、そこでお茶をのむだけでなく実にさまざまなアクティヴィティが子どもも含めて展開していることを楽しげに報告している。要するに、与えられた空間において自由なふるまいが許されるならば、人間は想像もつかない行動を起こすのだ。建築家がプログラムにしたがってつくった空間で、そこに来た人びとがまったくプログラム外のふるまいを展開することは、その建築家にとっても望外の歓びなのである。

伊藤は視覚障害者をアシストする経験からの話である。彼は何かあったときに後戻りをするのに五歩位はそのまま前を向いたまま後退できるという。また、下半身に障害を抱えている方が、階段の手すりを使ってエスカレーター的な降下もできるエピソードを述べている。おそらく嗅覚、気配に対する敏感さは常人の我々よりも優れている場合が多いのではなかろうか。空間認識、環境意識についても彼らから教わることが多いという。

藪前は都会の広場にアートを配置して、通り過ぎる人びとに対して漫然と鑑賞してくださいというのではなく、その与えられた場所のコンテクストのなかでアーティスト、あるいは一般の人びとに能動的なアートをつくって貰うという仕事を一貫して行ってきた。

この三者に共通なことは、してあげるのではなくして、それぞれの個人がもつ能動的な行為に対する理解がその通底にある。それがする者、させる者に「歓び」を育てるのである。

「歓び」といえば、紀元前一世紀の碩学、ローマのヴィトルヴィウスは建築の三つの基本的な価値は用・強・美であるといった。私も学校ではそう教わった。しかし近年ヨーロッパのある学者が、ヴィトルヴィウスのいう美、すなわちラテン語のヴェヌスタス(venustas)は、実は美よりも人間にとってより普遍的な価値である「歓び」を指しているのではないかと唱え、多くの学者がそれに同意しているという。

大きな夢

さきほど引用したように、私は「夏の定住社会」の最後に、もしかしたらユートピアはひとりひとりが心に抱く小さな夢であるかもしれないと述べている。たしかにひとりの夢は国家の夢と比較すれば小さい。しかし、夢の内容はいくら大きくてもかまわないのだ。

私が「アナザーユートピア」を書き終えたとき、このテキストは日本だけでなく、世界的に共有されていいものではないかと考えた。そのため、すぐに英訳し、興味をもってくれるであろう友人に配布した。その結果、一昨年はスイス連邦工科大学（ＥＴＨ）で、このトピックで講演をしている。

私としては、若い日本の建築家がアジアやアフリカで新しいオープンスペースのありかたを試す機会はいくらでもあると考えている。たとえば、広大な新都市用の土地があったとする。そこに一本のベルト状の歩行空間を設定し――これはニューヨークのハイラインのアイディアを借りたものであるが――、その周縁に適切なさまざまな施設を想定し、さらにその背後の好ましい発展を想定していくといったアイディアはどんなものであろうか。

私の夢はいつかオープンスペースの国際コンペを日本から立ち上げることである。我々建築家は長い間、さまざまなコンペを行い、とくに国際コンペでは建築史に残るようなものを生みだしてきた。同じことはオープンスペースについてもできるのではないだろうか。

当然、グローバルなコンペにおいては、対象地域の成熟度によって、そこには何が好ましいかが問われるに違いない。おそらく、そこには複数の課題があり、適切なテーマに沿った複数のコンペのプログラムがありうるに違いない。

しかし、建築のコンペと異なって、オープンスペースの優秀案を実現することは世界中のどこかを立地の対象にすればきわめて容易なのである。たとえば身体障害者の誰もが家族と楽しめる工夫がなされたオープンスペースはこうした国際コンペの対象になりうるであろう。

私は少し時間をかけてコンペのありかたを考えてみたいと思う。そのとき、今回の寄稿者のなかで世界中のさまざまなオープンスペースに関する経験と知識をもった方々にもぜひ相談したいと思っている。もしもそうしたオープンスペースの国際コンペが実現し、良い結果がそこから生まれれば、アナザーユートピアは一挙にみんなの共有資産になりうるのだ。私はこうした夢は大きければ大きい程いいと考えている。

二つの都市デザインから学ぶこと

すでに多くのところで述べてきたように、私は一九五九年と一九六〇年の二年間にそれまで訪れたことのなかった東南アジア、中近東、西欧への旅をしている。

イランの古都イスファハンで出会った、町の中央部にあるチャハルバーグのブルヴァードはその後イスファハンを訪れる度に逍遥した生涯忘れられないブルヴァードである。幅員一〇〇mの道の両側は普通の歩道とそれに沿う都市施設が並んでいる。しかし、このブルヴァードの素晴らしいのは、その中央部に少し盛り上がった歩道だけの空間が設けられ、その両側は樹木によって車道から視覚的にも遮断されていることだ。夕暮れともなれば、ひとり、ふたりと、彼らだけのための歩道空間を楽しんでいるのだ。ここでは人間のための空間とひとりの人間の尊厳性が確保されている。

パナティナイコの競技場

チャハルバーグのブルヴァード

もしも私がここで結婚するイラニアンであったとしたならば、静かな音楽入りの結婚のセレモニーを行ったらどんなに素晴らしいことかと思う。こうした空想を喚起させる力をこのブルヴァードはもっている。

次に訪れたアテネのパナティナイコの広場は衝撃的な出会いであった。車がT字セクションに向かったとき、その前面に広がる広場の後方に半分開いた競技場の白色の半円弧の姿とその頂の緑のエッジが、私と友人を暖かく迎え入れてくれたのだ。丁度この広場と競技場に遭遇したとき、私と友人以外、人っ子ひとりここにはいなかった。しかし、人がいなくてもそれは見事な光景であった。

嬉しかったのは、ここがオリンピックの誕生の地であり、二〇〇四年のオリンピックがアテネで開催された際に、そのテレビを観ていた私の前に、六〇年前と寸分違わぬ姿で画面に映しだされたことである。メインスタジアムでこそなくなったが、広場は人びとで賑い、競技を見る色とりどりの観客の姿がそこにあった。偶然、これを書いている日、朝日新聞のGLOBE版が、現在この場所に年間三〇万人が訪れていると報じていた。

パナティナイコの何が人を惹きつけるのだろうか。世界最古の競技場に対する関心ももちろんあるだろうが、広場と競技場が一体になった空間の姿に人は惹きつけられるのだろう。その姿に私は人間に対する愛情があるのではないかと思うのだ。

数年前、マドリッドの友人を訪ねた際、夕暮れ時に彼は私を市の中心部にあるサンティアゴ広場に連れていってくれた。その広場に面するオペラハウスの壁面にとりつけられた小さなスクリーンを見つめる群集がそこにあった。彼に何を見ているのか訊くと、上演中のヴェルディの演目で、プラシド・ドミンゴが歌っているのに聴き入っているのだと教えてくれた。ドミンゴの歌をタダで聴けるのか、そう思った私は、瞬時に日本語の「無償の愛」という言葉を思い出した。無償の愛を英語では「unconditional love」という。この概念は聖書にも度々あらわれる。私はここで文化の本質は「無償の愛」にあるのではないかと感じた。パナティナイコの競技場の半分は広場に向かって開かれている。ドミンゴの歌と同じで、フリーで競技が見られてもかまわないのだ。イスファハンの広いブルヴァードもその背後にこうした文化の本質があるのではないだろうか。

サンティアゴ広場でオペラに聴きいる人々

この二つのオープンスペースは私の生涯で出会った最も素晴らしいオープンスペースであった。爾後、六〇年間、これを超えるものに出会っていない。
私が心強く思うのは、この二つのオープンスペースは人間がつくったものであり、それは将来のオープンスペースのありかたに一方ならぬ心強さを与えてくれるからである。人間が人間のためにつくったもの。そのアイディアの存在以上に私を元気づけてくれるものはないのだ。それが私のオープンスペースへの夢を与えてくれているのもたしかである。

あとがき

真壁智治

「アナザーユートピア」で槇文彦が提起したものとはいったい何か。

それは、オープンスペースを私たちの生活の地として、さらには図として生きることから獲得される、原風景への記憶や日々の感覚、コミュニティ感覚、さらには都市での歓びまでをも醸成するオープンスペースへの気づきではなかったか。その背後には、近代化・工業化・都市化とともにオープンスペースの豊かさが痩せ細ってきた現実がある。建築よりもスパンの長いオープンスペースへと視点をシフトすることこそが、人々の豊かさへの渇望を、微細なものの存在や恒久的な摂理や美の存在を通して満たせるものとして「アナザーユートピア」は描かれた。

このニュアンスが、私が序論で触れた槇論考の伏線の正体となるものだった。これにたいして、さまざまな分野からそれぞれに真摯な応答をいただいた。執筆者たちのみなさんもおそらくはこの伏線に鼓舞されての応答ではなかったと思う。お礼を申し上げたい。また「アナザーユートピア」に惚れ込んで、多くの論者をまとめ上げるために奔走してくれた、NTT出版の山田兼太郎君にも感謝申し上げる。

多彩な分野から示されたオープンスペースへの考察・試行・実践を参照すると、日本のオープンスペースの現状が把握できる。と同時に、建築に比してその領域の広さと深さにあらためて気づかされる。オープンスペースの領域においては、二つの極点を見る。かたやより身近なもので、かたやより遠方のものだ。身近なものは、私たちの日常性に立脚する環境であり、都市現実そのものを形成する。遠方のものは、オープンスペースに秩序を与えている自然のふるまいの摂理や、その波動とともにある人間の死生を重ねあわせる命の大地に連なるものだ。

槇が都市のオープンスペースへと思いを馳せる契機となる「原風景」とは、もっとも身近なオープンスペースでの体験がやがてより遠方のものへと昇華してゆく道筋を持つものとして捉えられようか。それを槇は記憶の「核」とした。オープンスペースには想念の拡張を図る力が潜んでいる。「アナザーユートピア」への想念を巡らすと、一回りする感覚が湧いてくる。なにもない焼け野原の風景からの復興と、林立する今の豊潤さが軋む風景の再生とが一回りの輪廻のように感じられるのだ。風景の復興も再生も、テーマに差異はあれ共にオープンスペースが鍵を担っているのではないか。オープンスペースへのヴィジョンの構築と現実へのコミットメントの両翼が不可欠なものになってくるはずだ。オープンスペースから都市を問うことは、都市がだれのものかを問う際に、建築以上に容易である。そこには人の能動性を生む余地がある。オープンスペースにおける能動性を、より身近なものと、より遠方のもの(夢や構想など)との自在な往来から託されるものだと考えたい。

槇は「アナザーユートピア」を誰もが共有するオープンスペースから描いた。本書の議論からどのような都市の夢が垣間見えたであろうか。槇は総論の最後に生涯で忘れがたい二つのオープンスペースを挙げ、文化の本質としての「無償の愛」を重ねた。ここにモダニズムの先へと思索する、槇文彦のラストモダニストとしての気概を感じるのは私だけではないだろう。『応答 漂うモダニズム』(左右社)に続き、槇さんとご一緒できたことを光栄に思います。

二〇一九年一月

論考「アナザーユートピア」は、「Another Utopia」のタイトルで、『新建築』二〇一五年九月号に掲載され、その後、槇文彦『残像のモダニズム』(岩波書店、二〇一七年)に収録された。本書掲載にあたっては、『残像のモダニズム』収録原稿をもとに、タイトルをカタカナ表記に改め、若干の表記変更を行った。

槇文彦　Fumihiko Maki

一九二八年、東京都生まれ。建築家、槇総合計画事務所代表。東京大学工学部建築学科卒業、ハーヴァード大学大学院デザイン学部修士課程修了。その後ワシントン大学、ハーヴァード大学、東京大学で教壇に立つ。主な建築に、《ヒルサイドテラス》、《スパイラル》、《幕張メッセ》、《風の丘斎場》、《4WTC》など。日本建築学会賞、高松宮殿下記念世界文化賞、プリツカー賞、AIA（アメリカ建築家協会）ゴールドメダルほか受賞多数。著書に、『見えがくれする都市』（共著、鹿島出版会）、『記憶の形象』（筑摩書房）、『漂うモダニズム』（左右社）、『残像のモダニズム』（岩波書店）など。

真壁智治　Tomoharu Makabe

一九四三年、静岡県生まれ。プロジェクトプランナー、M・T・VISIONS主宰。東京藝術大学大学院美術研究科建築専攻修了。「建てない建築家」を標榜し、都市、建築、住宅分野のプロジェクトプランニングに取り組む。キュレーションに、建築絵本シリーズ「くうねるところにすむところ」、「建築・都市レビュー叢書」（NTT出版）など。著書に、『アーバン・フロッタージュ』（住まいの図書館出版局）、『カワイイパラダイムデザイン研究』（平凡社）、『ザ・カワイイヴィジョン』（二巻、鹿島出版会）、『応答 漂うモダニズム』、『建築家の年輪』（ともに、共編著、左右社）など。

アナザーユートピア——「オープンスペース」から都市を考える

2019年3月6日　初版第1刷発行

編 著 者　槇文彦・真壁智治

発 行 者　長谷部敏治
発 行 所　NTT出版株式会社
〒141-8654　東京都品川区上大崎3-1-1　JR東急目黒ビル
営業担当　TEL 03(5434)1010　FAX 03(5434)1008
編集担当　TEL 03(5434)1001
http://www.nttpub.co.jp

ブックデザイン　岡本健＋遠藤勇人（okamoto tsuyoshi+）
印刷・製本　株式会社光邦

ISBN 978-4-7571-6077-4 C0052
乱丁・落丁はお取り替えいたします．定価はカバーに表示してあります．